Sensational Porridge

粥，百味具足，相讓以成。

食粥百味足

馬以工

Ma Yi Kung

著

Sensational Porridge

推薦序

值得與家人朋友分享的溫暖料理

簡靜惠（洪建全基金會榮譽董事長）

馬以工是我四十多年的老朋友，那時我三十歲出頭，她還沒到三十。當年，以工從美國回來，才藝出衆。那時我剛學會開車，她得到「吳三連文學獎」，於是，我就開著我的小捷塔（Volkswagen Jetta），載她去領獎。不知道她有沒有被我的駕駛技術嚇壞了！因爲我有一次不小心撞到電線桿，當場電線桿斷掉了，幸好我人沒事，但從此以後再也沒有得到家人的批准，我的駕照也被沒收了。說這件事的重點不在我的駕駛技術，而是以工年輕早慧，得到社會的肯定，在大多數女性還沒有很出衆的時候，她就是一位很特別的才女，最重要的是：她可以證明我會開車。

以工的才華眞是令人佩服，雖然每次我有問題問她，她都要跟我請款，說是支付雲端三十元，我抵死不從，就讓她都記在雲端吧！反正我們兩個人的帳是一輩子也算不完的！然而我最大的功勞就是逼迫以工寫書。她的視野廣、記性好，可謂博聞強記。在疫情之後，每次四人聚會或聚餐，我都會說記得要把吃過的粥記下來，她也就乖乖地拿起筆來。當我們都吃完回家睡大覺時，她就引經據典地查核資料，寫下一篇又一篇的文章，有時還不忘逼迫她周圍的人，你寫一篇、她也寫一篇，大家都把熟知的拼拼湊湊，以工再加以潤飾，竟然也就有模有樣的編排出來了！

這本《食粥百味足》是跟粥有關的書，全書共分三卷，在〈浮世大千——人間的滋味〉這最後一卷故事裡面的每一篇敍述與粥品，都是每週一在好友金瑞家吃粥朋友的貢獻，是大家在吃粥之餘，挖空心思去尋根究柢講出來的道理。這是我們「茶粥會」的共食紀錄，更是值得在家裡煮碗熱騰騰的粥，與家人朋友分享的溫暖料理。

粥之味，相讓以成

——讀馬以工《食粥百味足》

張大春

宋代大文學家蘇東坡寫過一首古詩《鰒魚行》，剛結束黃州五年的工作轉任登州太守的他，揮筆寫「鮑魚」，熱情地吟讚。文章開始就提出他對物慾的思考，其中兩句：「兩雄（王莽、曹操）一律盜漢家，嗜好亦若肩相差。」說王莽和曹操這兩位歷史上的梟雄，求名逐權之外，跟他一樣嗜吃鮑魚。中間洋洋灑灑寫鮑魚的美味、歷史掌故，採捕困難、價值不斐，文末則話鋒一轉，說後人總是簡化了歷史人物的忠奸善惡，所以對王莽和曹操下了定論，那麼對他呢？

民國之後的第一個甲子年（一九二四年），民國要人吳稚暉和于右任在亂世中舉辦「粥會」，所謂「粥會」，其創辦宗旨就是藉著分享粥食促進友誼，以便進一步邀集眾人從事仁義之事。「粥會」的舉行，經常是在輕鬆氛圍下，眾人閒談家常、綜論古今，而聚會地點則選在學貫中西的佛學居士、文字學家丁福保家中。

兩位民國大老當年爲什麼要用「粥」的名義邀集衆人聚會呢？粥食的特點在於它能夠融會貫通不同的食材和風味，達到水火既濟的效果。世間的美味千變萬化，每道菜餚都有其獨特的味道，唯當入鍋中熬煮成粥，食材不再爭搶展現各自風采，此時只有水和火位居主宰地位。不論是葷食、蔬菜或水果，也無論是新鮮或是腐漬，粥裡的食材既無法侵奪他人的風味，也不放棄自己的味道，正是所謂的「際會」。蘇東坡在詞中說：「最難名。」因爲在這種情況下，沒有任何食材佔據主導的風味，有如《易經》所謂「群龍無首」的卓絕之境。

讀馬以工此書，千萬不要將它類歸在養生食譜，但凡能體會這書裡的粥其實另有意趣者，定能明白熱愛文化典故的她其實是借題探索食物文化和古代人情，光是書名從陸游的「食淡百味足」巧移一字，用以表現「粥」的淡雅相容，就點出馬以工融合食譜與文化的別致。

最後，此次受邀代此書作前言，我非飲饌家，僅以淺見做一點回報。書裡提到水飯，我補充一點。水飯和粥並不同，因爲它並不強調風味。近代知名的皮黃戲劇《烏盆記》裡，瓦盆匠人趙大收留了趕路要回南陽老家的商人劉世昌，卻因見財起貪念，拿摻了砒霜的菉豆水飯招待他，從故事中可知，這種水飯主要是添水的米飯，用以塡飢的，跟將食材融而合之的粥，本質就不同。窮賤人家不講究，好像就顯示了不講究的卑微與鄙野，這是關於粥的成見，也挺悲哀。如此就更談不上「相讓」二字了。

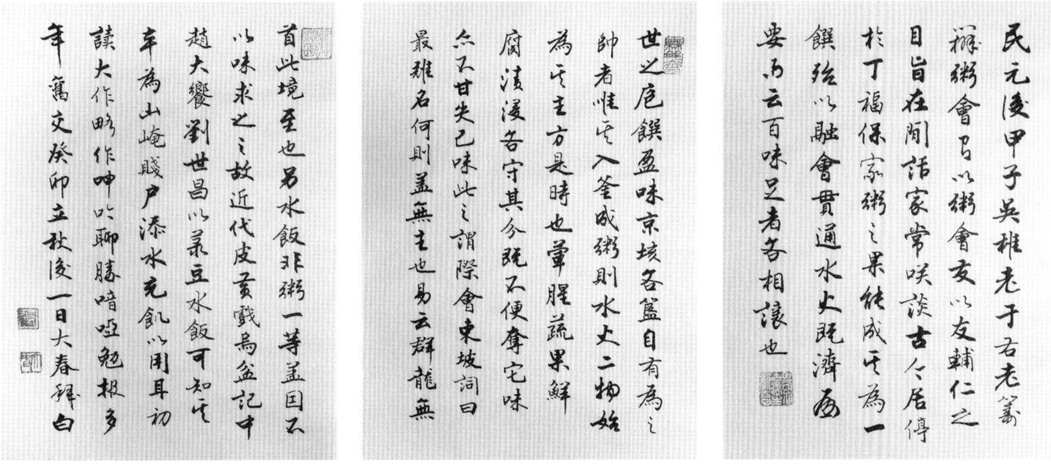

一切都是從繁縷開始

二〇二二年十一月初，我跟靜惠手機上有這樣的簡訊對話：

「您建議的粥書我有默默規劃……昨晚才略有靈感，先想寫六朝時正月初七的『七草粥』，爲了日本七草中的繁縷，搜尋兩小時終於找到兩張江戶版《本草圖譜》的圖片（繁縷卽鴨兒腸），這樣才能開始，等一下發給您共賞。我是無聊女子吧！」

她回覆：「熟知無聊創造樂趣……太好了，我繼續盯。」

記錄我們小小茶粥會的書就這樣開始了，我一直是「左圖右史」的信衆，圖片文字同樣重要，僅兩張十九世紀的圖，無法撐起「七草」這個六朝《荊楚歲時記》迄今的傳統。

跨年夜時粥友曼嬅說她一月初要去東京跟長輩拜年，眞是天賜良機，立刻拜託她去拍攝七草，她帶回陽曆一月六、七兩日限定超市販賣七草的照片，也花了一千兩百円，去體驗只有這兩天才能吃到的七草粥套餐。

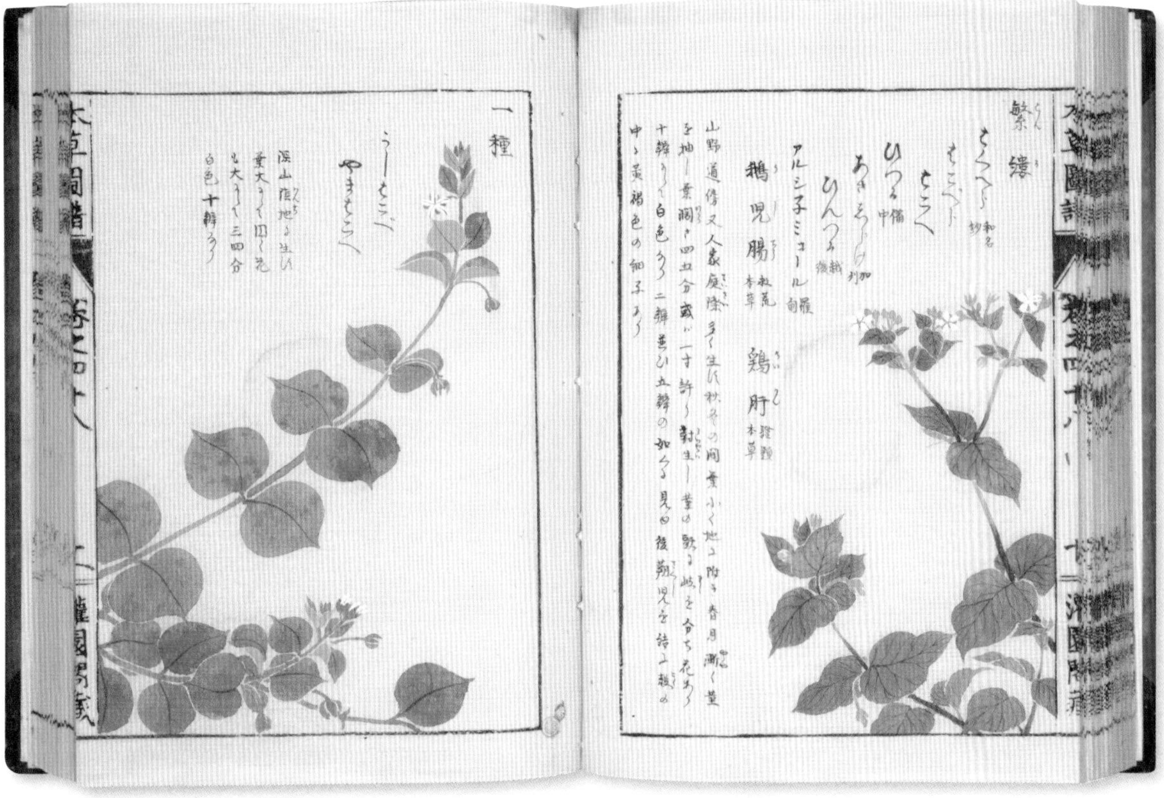

上：日本岩崎常正《本草圖譜》之繁縷。
左：清吳其濬《植物名實圖考》之繁縷。

遺憾的是整包日本七草打開，她拍到只有一片比雞毛還小的繁縷，日本人說七種中有三種很少。

對繁縷變成了可怕的執念，覺得沒有一張體面的照片，這本書，或說這篇「七草」吧，就拿不出去。

時序來到二月底，書也進行中，中華景觀第一屆的學生林煥堂邀我跟李瑞宗到北埔大地農場走春，李老師是學生最愛戴的植物學博士。我說你有繁縷的照片吧，他說這裡有水處應該找得到，說著像變魔術似的，就在前方不遠溝邊，被他找到一小叢繁縷，我不敢相信一切成眞。

採了一小把回家插在花瓶中，當然書也在繁縷的加持下順利推進。只是繁縷畢竟是春草，書成之時已是夏日，只有我用密閉罐養的一小絲殘存。

某日想找一張京都的老照片，圖檔竟有千禧年時在平安神宮所拍兩張品質不佳的繁縷，原來前世早已相見。

我們小小茶粥會除食粥外也以茶會友，茶與茶粥是開卷的主題，茶文化在唐宋、中日之間流轉千年，王維、蘇軾、陸游、榮西、村田珠光及千利休參與其間。東坡詞：「……使君高會有餘淸。此樂無聲無味、最難名。」

蘇軾原爲饕客，他赤豆粥的詩與做法，南宋林洪寫入泉州菜譜《山家淸供》。此書五粥竟然有荼蘼粥，北宋王淇「開到荼蘼花事了」的詩句，聯想到的一定是《紅樓夢》。

中卷就是〈《紅樓夢》粥冊〉。胭脂米、碧粳粥、燕窩粥外，《紅樓夢》

還隱藏了六朝的金陵舊俗泡飯，傳到日本成爲國民速食——茶漬。

末卷〈人間的滋味〉以人日的七草粥爲始，及日常生活中常吃到的粥。從再平凡不過的番薯粥，到再豪華不過的鮑魚、海參粥；有路邊採龍葵煮成的烏甜仔菜粥，或半世紀前蔣碧微細心調製的「白」粥；南台灣的虱目魚、中台灣的蚵，北台灣的瓠瓜都能入粥。大自然的恩典多麼豐盛多滋，如蘇軾〈老饕賦〉所形容「蓋聚物之夭美，以養吾之老饕」，眞的食粥百味足。

上：新竹縣北埔大地農場水邊野生的繁縷。

下：野生繁縷插成繁縷瓶花。

目次

中卷——韶華勝極

——《紅樓夢》粥冊

下卷—浮世大千
——人間的滋味

上卷 寒山的法粥

《逸周書》卷末逸文以「黃帝作井，始灶，烹穀爲粥，蒸穀爲飯……」粥的歷史有五千年的久遠。

這本書雖說是粥會記事，自始就沒有界定會是一本食譜，曾想以「寒山的法粥」爲書名，概念來自松尾芭蕉爲弟子編俳句集跋文，首句「書名《虛栗》，其味有四」，所云四味之一是寒山法粥，喻唐詩僧寒山的禪意禪味。

近代臨濟宗白雲禪師說：「五味俱全，尚缺一味。」且「法味不可說」。法味在五味之外不全然是禪味，歷史、典故、文化等等都算是「法」味吧。

歷史中，茶與禪或茶與粥都曾相遇，馬王堆出土食單中就有多種「苦羹」被認爲就是茶粥。宋蘇軾〈南歌子〉「……已改煎茶火，猶調入粥餳。使君高會有餘淸。此樂無聲無味、最難名。」描述寒食日後，新火（寒食禁火次日

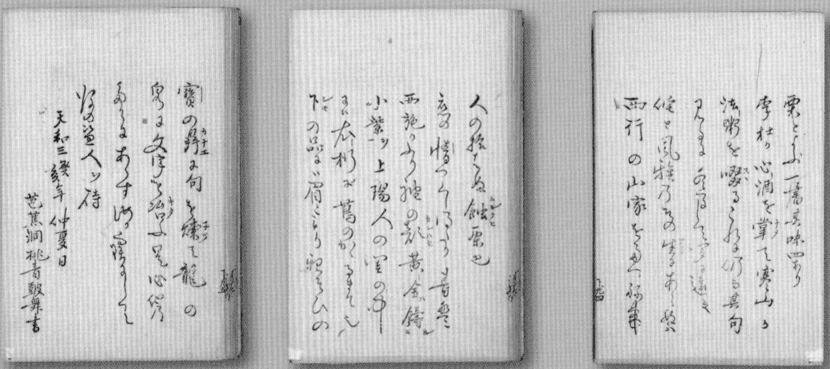

傳下新火）煎新茶（清明寒食相差一日，當是新焙明前龍井）煮茶粥之樂。茶之外，春草野蔬或百果奇花也能入粥，救漢光武命的豆粥、杏林神醫始祖爲名的眞君粥及梅花、茶蘼花粥。似「寒山的法粥」更合適爲此卷名，見證大自然所孕育五穀青蔬，再經人手調理出美味。

右：松尾芭蕉跋《虛栗》文。

左：元顏輝畫〈寒山子〉軸，國立故宮博物院藏。

茶

東晉郭璞注解《爾雅．釋木》之「檟，苦荼。」認爲檟「樹小如梔子，冬生葉，可煮作羹飲。今呼早采者爲荼，晚取者爲茗。」原稱檟的苦荼，晉時已有「荼」與「茗」這兩個現在通行的名稱。

晉以前古籍如《說文解字》都未見「茶」字。推測可能係將「荼」字減少一畫，而創造出新字。

唐乾元元年（七五八）陸羽開始鑽研茶事，上元二年（七六一）他大致已完成《茶經》一書。

《茶經》全書十卷，開卷〈一之源〉記：「茶者南方之嘉木也……其名一曰茶、二曰檟、三曰蔎、四曰茗，五曰荈。」檟、蔎、荈之稱已不多見。

《茶經》對茶的「源、具、造、器、煮、飲、事、略、圖」都詳細描述，書中討論焙茶技術，推測古人最早只是摘嫩芽煮食，後爲保存或其他原因而焙火加工。

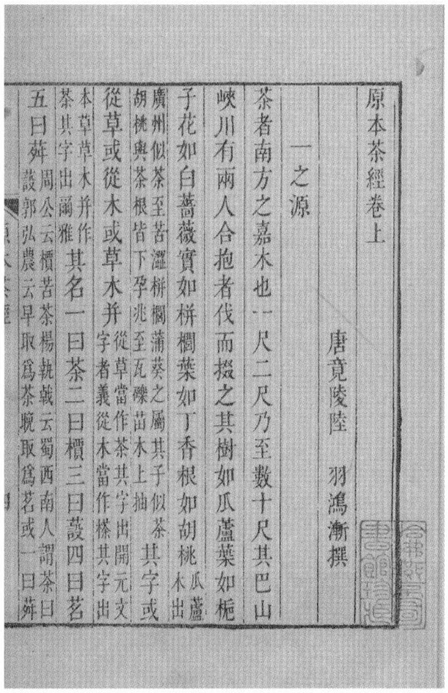
原本茶經卷上
唐竟陵陸　羽鴻漸撰
一之源
茶者南方之嘉木也一尺二尺乃至數十尺其巴山
峽川有兩人合抱者伐而掇之其樹如瓜蘆葉如梔
子花如白薔薇實如栟櫚葉如丁香根如胡桃瓜蘆木出
廣州似茶至苦澀栟櫚蒲葵之屬其子似茶胡桃與茶根皆下孕兆至瓦礫苗木上抽其字或
從草或從木或草木并從草當作茶其字出開元文字者義從木當作榤其字出
本草草木并作茶其字出爾雅其名一曰茶二曰檟三曰蔎四曰茗
五曰荈周公云檟苦茶楊執戟云蜀西南人謂茶曰蔎郭弘農云早取爲茶晚取爲茗或一曰荈

上：阿里山番路鄉的茶園。
下右：陸羽《茶經》，哈佛燕京圖書館藏，雍正十三年版。
下左：《茶經》敘述如白薔薇的茶花。

茶粥

此樂無聲無味、最難名。

——蘇軾

茶與粥很早就相遇，最早的茶粥應只是檟木嫩芽與米混合煮成。

西漢長沙馬王堆出土食單，八十九品食物中，有「苦羹」多種，如「牛苦羹一鼎」，苦、荼都是「茶」的古稱，「苦羹」應類似茶粥。

唐大中十年（八五六），楊曄所撰《膳夫經手錄》記：「茶，古不聞食之。近晉、宋（六朝劉宋）以降，吳人采其葉煮，是爲茗粥。」吳人泛指江南一帶的人士，東晉、劉宋時，江南已有茗粥。

唐開元十四年進士，田園詩人儲光羲之〈吃茗粥作〉詩，有「淹留膳茶粥，共我飯蕨薇」句，描述喝茶粥配著蕨芽薇莢等山野菜蔬。

王維〈贈吳官〉詩：「長安客舍熱如煮，無個茗糜難御暑。」寫著沒有茶粥，江南來的官員幾乎難以忍受長安的酷暑。

上：用鐵觀音茶，遵古法煮出來的茶粥。

下：路邊公園偶爾會見到唐代配粥的蕨芽。

唐初時已焙製茶、盛唐尚未普遍，茶到中唐後才漸漸流行。唐代茶文化《膳夫經手錄》以「至開元、天寶之間，稍稍有茶，至德、大曆遂多，建中以後盛矣。」咸通十五年（八七四）入藏法門寺地宮精緻鎏金銀茶具及完備的流程，顯示唐末茶道已臻成熟。

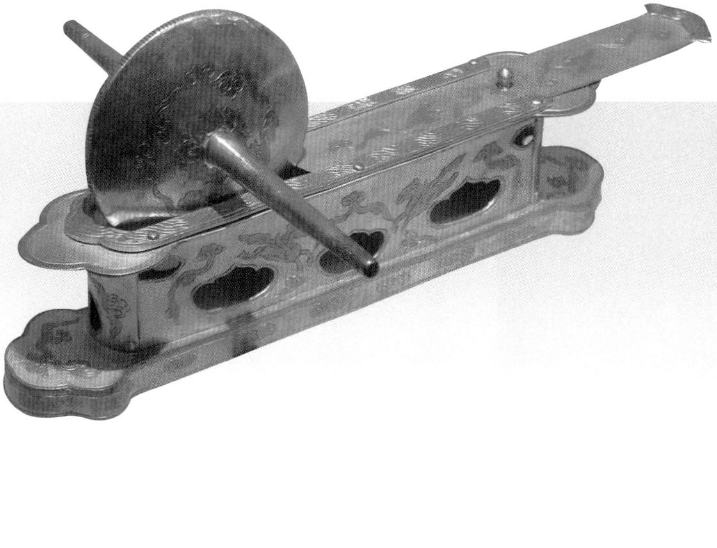

法門寺地宮唐僖宗李儇供奉茶器，製作於唐懿宗咸通九年至十二年，為唐代專門製造金銀犀玉巧工的文思院造。

上列：金銀絲結條籠子、鎏金摩羯紋蕾紐三足架銀鹽台。

下列：鎏金鴻雁流雲紋茶碾子、鎏金銀龜台、鎏金仙人駕鶴紋壺門茶羅子。

唐朝除了茶聖陸羽外，晚唐還有茶仙盧仝（同），學識淵博隱居不仕，元錢選繪有〈盧仝烹茶圖〉，描繪盧仝與童子坐在芭蕉下烹茶。

一日，他得到友人饋贈陽羨茶，一釜煎出七碗，寫〈走筆謝孟諫議寄新茶〉詩，詩中「六碗通仙靈，七碗吃不得也，唯覺兩腋習習清風生。蓬萊山，在何處？玉川子，乘此清風欲歸去。」達到神化之境。

右上：宋代武夷山已是著名的岩茶產區。

左上及左頁：國立故宮博物院藏〈盧仝烹茶圖〉全圖，左頁為局部。

日本和銅三年（七一〇）由飛鳥遷都平城京，開啟文化燦爛的奈良時期。天平元年（七二九）聖武天皇宮內召喚讀經，衆僧有「行茶、引茶」等儀式。正倉院文書亦載有存茶的紀錄，使用「茶」字，此時的茶可能都是來自中國，日本種茶還要再等七、八十年。

西元八〇六年，空海從中國回到日本，他的入唐隨行弟子堅惠，將唐德宗贈送的茶樹種子，在他創建的佛隆寺苔の園試種。唐德宗還賜了浮刻有麒麟的大石茶臼，佛隆寺列爲寶物。看起來像是磨茶用，應是當時飲茶習慣。

空海離開中國後，唐朝宦官得勢甚而毒殺君王，又經歷了唐武宗會昌滅佛，國勢日衰。八九四年另一留學僧帶回消息「大唐凋敝」，致使此時日本解除遣唐使任命。

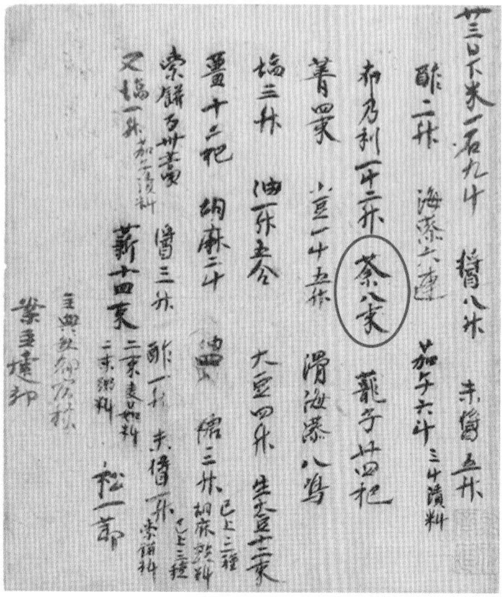

上：聖武天皇死後，光明皇后將其遺物捐東大寺存正倉院。正倉院文書為一萬餘件奈良時期檔案。檔案之一的「醬、米、醋、茶存物單」，其中茶寫為「茶」。

上：重建平城京的東院庭園，當時行茶、引茶大多在戸外。
下：將茶樹帶回日本栽種的空海，其高野山道場之御影堂。

佛隆寺位奈良宇陀市榛原赤埴，又稱「室生寺の南門」，室生寺有日本第二古老的五重塔、平安初期建金堂等已一千多年的國寶建築。

奈良宇陀一帶山域屬大和高原，因日照短、溫差大，茶葉具自然香甜味，迄今仍種茶，稱「大和茶」。

大和茶也按產地命名如山添茶、室生茶等，室生寺參道外的井筒屋掛著「發祥地大和茶生產販售」的招牌。

上右：日本茶最早種植在佛隆寺，稱大和茶，佛隆寺有室生寺的南門之稱。

上左：室生寺五重塔建於西元八百年前後。

左頁：室生寺金堂，部分建於九世紀後半，約唐朝末年。

カサを忘れないように
脱帽
順路

空海弟子堅惠在佛隆寺栽種茶後推廣到日本各地。許多寺院自己種茶，以茶煮粥成僧房齋食。

大和茶有悠久的傳統，東大寺二月堂的「修二會」法會，自西元七五二年開始一直延續至今。從鎌倉時代（南宋初）開始提供參與者茶粥，近千年來仍延續這個傳統。

二月堂重建於一六六九年，旁邊的三月堂才是東大寺極少數從八世紀留存的建築。對面有間繪馬堂茶屋小鋪，則一年四季都供應茶粥。

修二會提供的茶粥極樸素，用奈良焙茶，先將茶煮出茶汁，濾掉茶葉冷卻後加米浸泡約半天，再以小火慢熬，快完成時加一點鹽。配菜只是日本常見的梅子、醃蘿蔔等。

茶粥成爲奈良特色飲食，著名的奈良飯店提供有茶粥早餐。奈良迄今仍種植傳統的大和茶，老街茶店非常古樸。但大和茶賣不到高價，店中也賣著較貴的宇治茶。

右：二月堂以茶粥招待參加修二會的信眾。係以茶浸米煮出，粥色偏深。

左頁：修二會是西元七五二年迄今未中斷的宗教行事。為僧侶於佛前代替世人懺悔，有御松明點火儀式及取水儀式。

右頁：奈良街上古樸的茶行。
本頁：奈良茶粥用茶、米及少許鹽煮成。

南宋日本再次與茶相遇，臨濟宗僧人榮西第二次入宋，於一一九一年（南宋紹熙二年）回到日本。此次在中國停四年四個月，不僅潛心鑽研禪學，亦親身體驗宋朝飲茶文化及茶療的效能。

他從中國帶回茶種，在肥前靈仙寺（今佐賀）種植。寺廟於日本戰國時期荒廢，後得當地鍋島藩支持曾再興，明治維新廢藩置縣後廢絕。

榮西寫《喫茶養生記》一書，序言：「茶者養生之仙藥也，延壽之妙木也，山谷生之，其地神靈也……」

榮西自己在中國中暑時，曾被特殊煎法的茶湯救治，此經驗之「服五香煎法」茶方，見左附的原書頁。

鎌倉幕府二代將軍源賴家一二〇二年在京都建建仁寺，集天台、眞言、禪三宗平行，榮西爲開山祖，兩年後賴家被殺，弟源實朝繼任，傳說榮西曾用茶爲他治病。

榮西同時將中國茶禮推廣，自此更多廟宇僧人種植推廣茶樹。幾經戰亂，建仁寺內已無當初建築留存。

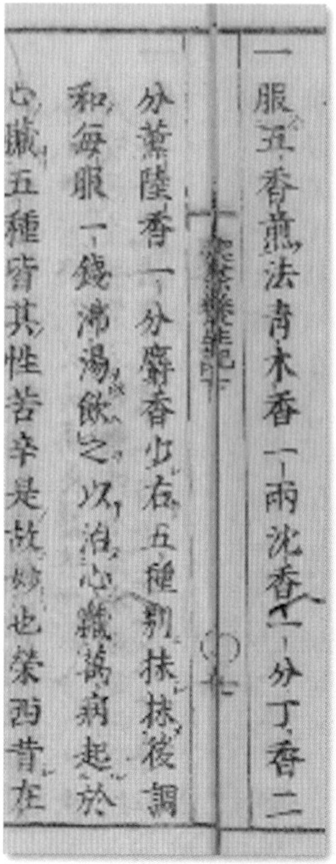
一服五香煎法青木香一兩沈香二分丁香二
喫茶養生記
分薰陸香一分麝香少右五種別抹抹後調
和每服一錢沸湯飲之以治心臟萬病起於
心臟五種皆其性苦辛是故妙也榮西昔在

上：《喫茶養生記》書中的「服五香煎法」茶方，為榮西（左頁右下）所寫，他是日本茶史重要人物。

左頁：建仁寺位於京都祇園，為榮西所建，內有茶碑，碑文上有：「茶，養生之仙藥；延齡之妙術。」

臨濟宗
大本山
建仁寺

茶碑

一三三八年室町幕府京都開創，第三代將軍足利義滿於永樂二年終於得到明朝頒「勘合符」，開始與中國貿易，輸入中國茶器。因義滿本身極佳的品味與文化素養，開啟日本特殊茶道文化。

生逢室町幕府盛世，使村田珠光因緣際會在日本茶道史上有一席地位。他倡茶禪一味的精神（當時尚無茶道之稱）予茶更多內涵，創室內小茶室，以「謹敬清寂」四規展現侘寂之美，當時稱侘茶。

室町幕府八代將軍足利義政退隱後，建四疊半茶室於東求堂（現銀閣寺內），充分體現「簡、素、枯、淡」侘寂之美。約百年後，千利休始以「和敬清寂」將茶道引入皇室貴族間。名貴茶碗更爲織田信長、豐臣秀吉等霸主喜愛，日本茶道發展到極致。

上：奈良稱名寺為茶禮祖「珠光舊跡」。

左頁上：日本國寶慈照寺東求堂同仁齋為四疊半茶室之始。

左頁右下：重建於一八一八年的珠光庵茶室。

左頁左下：此時崇尚唐物，如黑釉鷓鴣斑盞，一為宋當陽峪窯、一為宋定搖窯。

宋代的茶粥——擂茶

宋代中國茶文化發展到極致。不但製茶技術精進，茶器建陽窯「建盞」更是絕世精品。目前存世僅數盞，均爲日本國寶，影響日本茶道甚深遠。

蘇軾有「寒食後……且將新火試新茶」句，因寒食與淸明相近，寒食節後以傳下的新薪火，品杭州新採的明前龍井，多麼的淸雅。

獅峰有宋代廣福院址，前身爲東坡曾題名的壽聖院，附近是龍井最佳產區，乾隆還在此圈了十八株御茶樹。

宋代文人也做茶粥，秦觀有「偶爲老僧煎茗粥，自携修綆汲淸泉」之句，東坡先生的〈晚春〉詞：「……已改煎茶火，猶調入粥餳。使君高會有餘淸。此樂無聲無味、最難名。」看來對茶粥是極喜愛的。

宋朝的「茶粥」據稱就是現在的擂茶，好幾個傳說的由來，都與蜀漢時軍旅對抗瘟疫相關。

三國後，魏晉已有茗粥。唐茶席有銀鹽台，可知當時飲茶會加鹽，擂茶最早是茶、薑、米磨成糊狀後加水烹煮，是茗粥唐代後的進階版。

南宋黃升詩：「道旁草屋兩三家，見客擂麻旋足茶。」擂茶已普及。

杭州冬月時添賣七寶擂茶，將花生、芝麻、核桃、杏仁、龍眼、香菜、薑和茶擂碎煮成茶粥，南宋茗粥不再是茶、薑、米的簡單組合。

擂茶需研磨配料，因茶、米或七寶都不是堅硬的東西，用陶土拉胚製成擂缽，及油茶樹幹做成擂棍這兩樣工具即可。「擂」到所有配料呈糊狀，再加水沖或煮成茶粥。

北埔擂茶重現宋代茶粥，仍以茶葉為主，再加上炒米、芝麻與花生同擂。

傳統擂茶需將茶及配料擂到糊狀，再沖泡熱水。

乾隆與三清茶

郭貴婷

乾隆巡五台山回程在定興遇雪，集雪於氈帳中烹煮三清茶，寫〈三清茶〉詩。乾隆十一年他傳旨景德鎮御窯，燒製白地礬紅專用茶杯，內底畫枝松、梅及佛手花紋，杯外書乾隆〈三清茶〉詩，自認「不讓宣德、成化舊瓷也」。三清茶杯還製作青花、剔紅、白玉及墨玉等多種，以供每年正月初二到初十間，乾隆擇吉在重華宮（潛邸西二所升格）所舉行的三清茶宴。

據考三清茶是將佛手柑在瓷壺以沸水沖泡，再放入龍井加水至滿。另用銀匙將松子、梅花分到各個蓋碗，最後將泡好的茶沖入各杯中。

乾隆專為三清茶宴御製茶具，杯身有〈三清茶〉詩。

左頁上為國立故宮博物院藏品，下及左頁下為香港故宮特展三款。

冬至將近寒意漸增，庚子年冬月初六，受邀參加陽明山松園禪林舉辦的茶席。是日草山氣象不佳，遊駛於鄉道中，彎彎繞繞，北風呼嘯急雨強降，草木亂舞，撼心速行。

到達松園，空氣冰凜，小心踏走滑石濕階，入堂門玄關處，有燒著炭火暖爐迎賓，大家一起烤手烤身互寒暄，瞬時寒氣消散不少。

開席前，主人特在席前準備三清茶，以龍井、茶花、佛手柑及松子四種料，用陽明山野溪甘泉烹煮，讓大家體驗乾隆喜愛的茗品。

啜飲三清茶，色、香、味鮮爽宜人，觀其茶湯，初黃明澈。聞之，花草香高雅，入口味甘清甜，並伴隨著柑橘香氣，尾韻松子腴香充滿兩頰喉舌，茶味層次豐富芳馥，清心淨口，原來這就是乾隆詩所說的清絕之妙：「五蘊淨大半，可悟不可說。」看著窗外寒冬景色，冰霰鋪地，品茗三清茶舒心愉悅，別有一番雅趣。

上及左頁上：松林禪園茶席現場，窗外白雪、室內茶香。

左頁下：品三清茶最宜下雪天集雪烹茶，以龍井配上佛手柑、松子及梅花。

山家清供

南宋林洪著有《山家清供》，書名寓山野人家的清淡簡食，是泉州地區一百零四道美饌佳餚的食單。

南宋時泉州是海上絲路起點，全國第一大港，食單自不是一般般，有不少粥品點綴其中。

《山家清供》粥品，除豆粥外其他四款均已極少見，花果及魚乾都入粥，是宋人飲食才有的風雅。

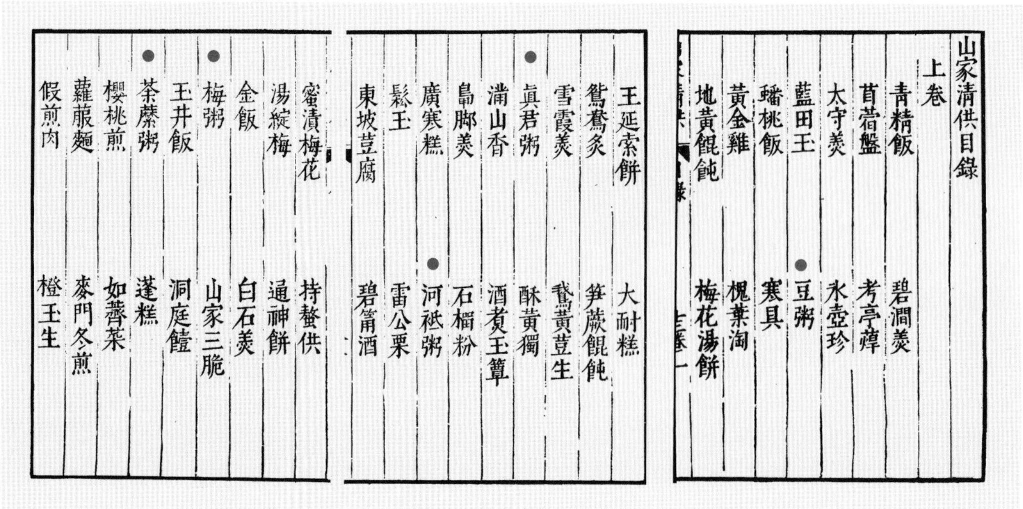
山家清供目錄

上卷

青精飯　碧澗羹
苜蓿盤　考亭蔊
太守羹　冰壺珍
藍田玉　●豆粥
蟠桃飯　寒具
黃金雞　槐葉淘
地黃餺飥　梅花湯餅
玉延索餅　大耐糕
鴛鴦炙　筍蕨餛飩
雪霞羹　鵞黃豆生
●眞君粥　酥黃獨
滿山香　酒煮玉蕈
鴨脚羹　石榴粉
廣寒糕　●河祇粥
鬆玉　雷公栗
東坡豆腐　碧筩酒
蜜漬梅花　持螯供
湯綻梅　通神餅
金飯　白石羹
●梅粥　山家三脆
玉井飯　洞庭饐
●荼蘼粥　蓬糕
櫻桃煎　如薺菜
蘿菔麪　麥門冬煎
假煎肉　橙玉生

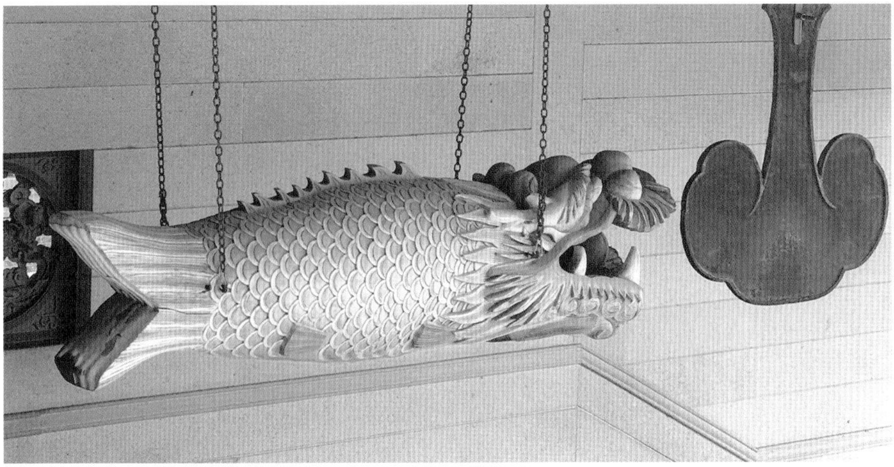

右頁：《山家清供》一百零四道菜餚中，有五款粥品。
上：泉州龍山寺菩提樹。
下：廈門南普陀寺木魚。

豆粥

因有蘇東坡加持，豆粥在《山家清供》中地位非凡。蘇軾原善於烹飪，在其所撰〈老饕賦〉說過：「蓋聚物之夭美，以養吾之老饕。」

元豐七年蘇軾送家眷北上，途中寫了〈豆粥〉古詩，引用豆粥歷史典故，其一爲「公孫倉皇奉豆粥……饑寒頓解劉文叔。」《東觀記》中馮異於蕪蔞亭奉豆粥予劉秀：「時天寒烈，衆皆飢疲，馮異上豆粥。明旦，光武謂諸將曰：昨得公孫豆粥，飢寒俱解。」

東坡接著又引用超級巨富石崇因紅豆不易煮至酥透，而將其先磨成粉再煮，卻不願分享給大衆知曉的傳說。他一面熬豆粥一面寫：「萍齏豆粥不傳法，咄嗟而辦石季倫。」

蘇軾原善烹飪，又不藏私，詩中將他的祕訣分享：「沙瓶煮豆軟如酥……臥聽雞鳴粥熟時……」，豆粥宜「用沙鉼爛煮赤豆，候粥少沸，投之同煮，既熟而食。」

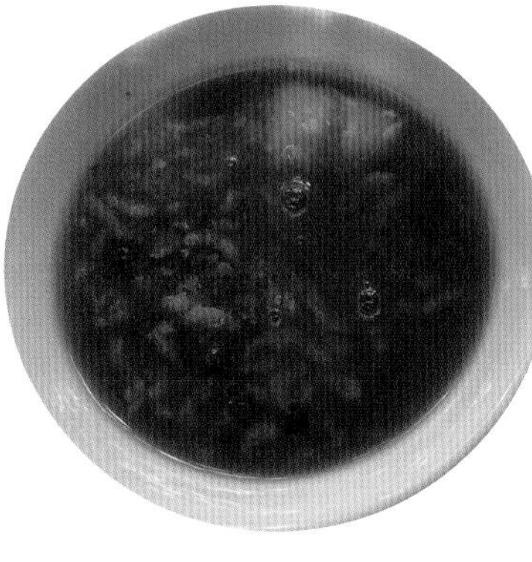

豆粥詩

君不見滹沱流澌車折軸，公孫倉皇奉豆粥。
濕薪破灶自燎衣，饑寒頓解劉文叔。
又不見金谷敲冰草木春，帳下烹煎皆美人。
萍齏豆粥不傳法，咄嗟而辦石季倫。
干戈未解身如寄，聲色相纏心已醉。
身心顛倒自不知，更識人間有真味。
豈如江頭千頃雪色蘆，茅檐出沒晨煙孤。
地碓舂秔光似玉，沙瓶煮豆軟如酥。
我老此身無著處，賣書來問東家住。
臥聽雞鳴粥熟時，蓬頭曳履君家去。

上：赤豆粥，按蘇軾建議以砂鍋煮成。

左：眉州三蘇祠中東坡畫像。

豆粥最早文字見南梁宗懍《荊楚歲時記》，此書記述荊楚地區正月初一至除夕的年中行事，不同於天子的八節祭祀，是百姓生活實錄。

「正月十五日，作豆糜，加油膏其上，以祠門戶。」舊俗以酒脯飲食及豆粥糕糜插箸而祭蠶神。

養蠶自遠古就非常重要，延續到清朝時仍執行「皇帝親耕、皇后先蠶」的儀典。日本皇后每年需到紅葉山養蠶所，進行養蠶儀式。

歲末「冬至日，量日影，作赤豆粥以禳疫。」這時紅豆粥才登場，正月的豆糜有可能是其他豆煮成。

傳說共工有不才之子死於冬至成爲疫鬼，因他畏懼赤豆，喝赤豆粥可以避災防疫。其他古籍上共工之子名「句龍」或稱「后土」，似非疫鬼或疫神。

《荊楚歲時記》還有「秦歲首」這個節日，楚人竟在秦亡後數百年還在過秦節。「十月朔日，家家爲黍臛，俗謂之秦歲首。」秦曆以十月初一爲一年之始，不同於夏商周曆歲首的一月、十二月及十一月。黍臛是麻羹豆飯，類似紅豆飯。這種「秦風」影響日本深遠，不知是否徐福帶過去的習俗。

日本自室町幕府開始，有重要節慶吃小豆粥或做紅豆飯。正月十五小豆粥稱「望粥」，可以得到健康。

豪雪地區正月初七的七草，因無法取得春草嫩芽，以小豆粥代替。

右：日本《成形圖說》上之赤小豆圖。

左頁：故宮博物院藏〈親蠶圖〉卷局部之〈獻繭〉，左上端坐者為乾隆孝賢皇后。

韓國也有冬至喝紅豆粥的習俗，紅豆的紅色在陰氣極致的冬至，被認爲可以驅趕邪氣，除了喝紅豆粥外，還要在屋子四周及入口撒豆。

韓國紅豆粥做法與《山家清供》相類似，只多加白色小湯圓。

大致用一合米配等量的紅豆，確如蘇東坡所說紅豆很難煮酥爛，需先浸泡至少六小時以上，白米或糯米則也需浸泡三小時左右。

用砂鍋或鑄鐵鍋煮紅豆，滾後換小火慢慢熬到酥爛，按喜好加入適量冰糖。白米煮二十分鐘即可加入紅豆湯，再攪拌到完全融合即可。

上：東坡先生的豆粥，紅豆及米各半，冰糖適量。以砂鍋煮紅豆，酥爛後加入煮好的粥。

左頁：萬丹紅豆的色澤鮮紅，需先浸泡才容易酥軟，煮好的紅豆呈豆沙色。

豆粥在宋朝時流行，除蘇軾外，南宋文學家陸游也非常喜歡。陸游也是美食家，《劍南詩稿》中有關飲食詩有一百八十八首、詞二十二闋。

陸游詩有「食淡百味足」句，他享年八十五，在宋朝算高壽，與他食粥養生有關，寫有多首詠粥詩。以〈食粥詩〉爲例：「世人個個學長年，不悟長年在目前。我得宛丘平易法，只將食粥致神仙。」

他特別欣賞豆粥，有「瓦䤇晨烹豆粥香」之句，認爲「紫駝之峰玄熊掌，不如飯豆羹芋魁。」豆粥比珍貴的駝峰熊掌還美味。

陸游也有詩提到蕪蔞亭，他讀東漢末梟雄袁術的傳記有感，寫下「蕪蔞豆粥從來事，何恨郵亭坐簀床。」袁術兵敗悲憤而亡，與劉秀天差地別。

漢光武吃的豆粥應非紅豆粥，可能是綠豆小米粥。小米遠比稻米要早，早在新石器時代就已經開始種植粟，爲先民的主食。

右上：陸游以粥養生而長壽。

右下：花蓮原住民小米豐收。

左頁：日本《本草圖譜》所繪之綠豆圖。

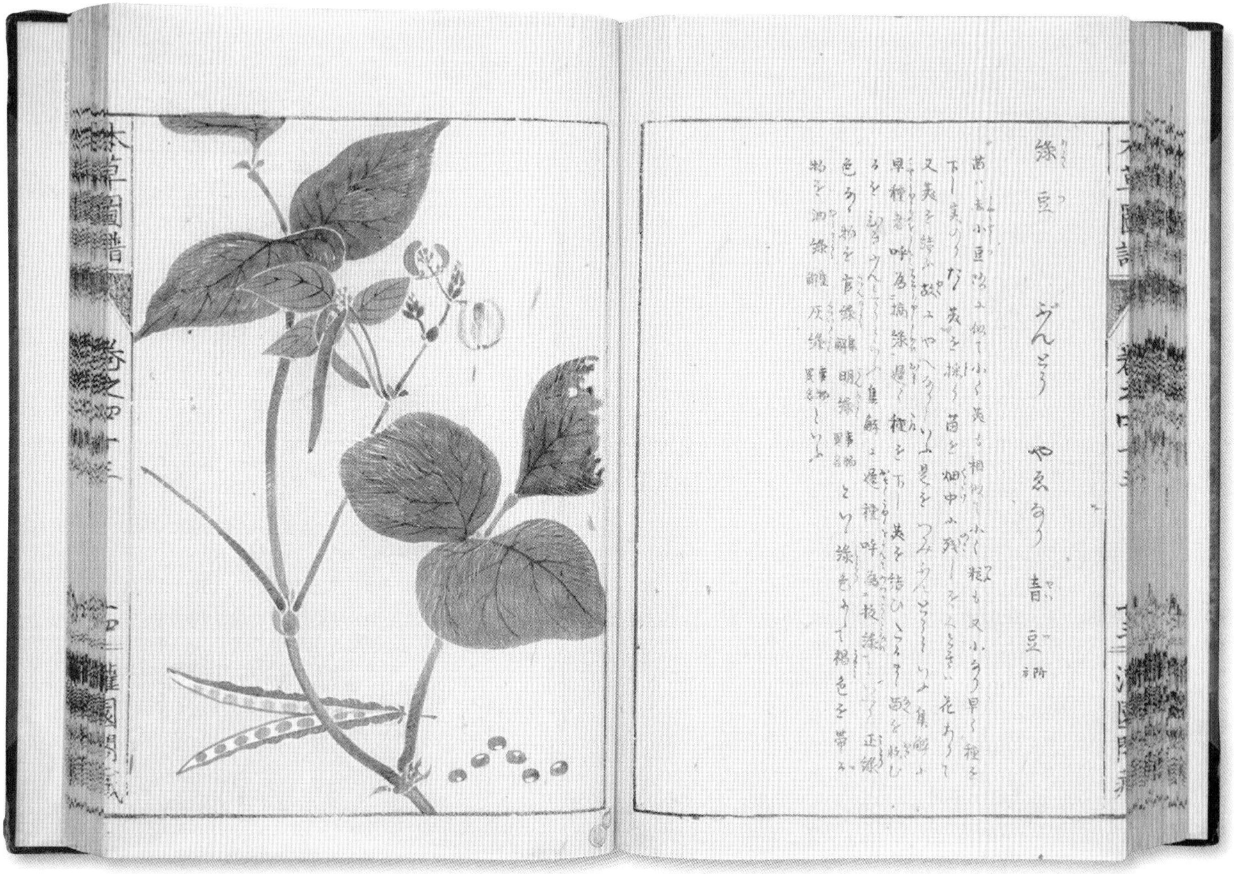
本草圖譜
綠豆

粱或稷也是小米，其名稱來自粟米脫殼後顆粒極小。西漢馬王堆墓出土穀物有稻米、赤豆、粟等，這些食物出現在中原地區的紀錄很早。

唐朝沈既濟的傳奇筆記《枕中記》描述不得志的盧生，睡在道士呂翁給的枕上，作了一個享盡榮華富貴，飛黃騰達，最後煙消雲散的美夢，夢醒時見鍋中黃粱未熟。

元朝馬致遠改編此傳奇爲戲曲《黃粱夢》，范康《竹葉舟》將背景改爲邯鄲道，明朝湯顯祖寫出近似的《邯鄲夢》。黃粱就是小米，「黃粱一夢」多麼獲文人青睞引用。

李時珍《本草綱目》中，紅、綠豆都有相當的療效。煮紅豆水可以去濕、消腫。綠豆自古卽認爲清火解毒，宜連皮生研水服。消渴可飲綠豆汁，綠豆粥一樣解熱毒。

右：《古今圖書集成》所繪之綠豆圖。
上：漢光武帝當時喝的豆粥，可能是綠豆小米粥。
下：《成形圖說》各種粟米。
左頁：小米已結穗尚未成熟。

臘八粥

豆粥的極致是臘八粥，《東京夢華錄》記載：「初八日諸大寺作浴佛會，並送七寶五味粥與門徒，謂之臘八粥。」

臘八粥是指臘月初八以粥齋僧，與放有八種料的八寶粥略有不同。既稱「七寶五味」，內容自然繁多，果子雜料有紅豆、桃仁、杏仁、栗、瓜子、花生、松子、紅棗、桂圓及白糖、紅糖都可入料。

日本奈良有食堂配合節氣古風俗，在立春節分煮黃豆粥，與立春撒豆驅邪的古老習俗有關。

已煮好的臘八粥，甜度可按個人喜好調整。臘八粥的生料因所需時間不同需分開煮，紅、綠、黃豆及花生都需長時間，栗子、紅棗次之。粥也需分開熬煮，將個別煮酥軟的料加入，松子及桂圓乾最後放。

臘八粥的材料，
上排為紅棗、綠豆、黃豆。
中排為松子、白米、桂圓乾。
下排為栗子、紅豆及花生。

眞君粥

眞君指三國候官（今福州長樂）地區神醫董奉，當時與華陀齊名。他治病不收酬勞，重症癒者命栽杏樹五株、輕症者一株，數年成林。杏實成熟置草倉，要拿的人以穀相換，再以穀賑貧救急，傳說其容顏不老總似少年，活了三百多歲。此爲稱醫家「杏林」的由來。

眞君粥是將熟杏實煮爛去核，另煮白粥，加入切碎的杏實同煮即成。煮新鮮杏實會有酸味，可適量加糖。也可在白粥內拌入切碎乾丁的杏脯，略煮軟即成，亦可適量加糖。

右：日本《本草圖譜》杏果實、杏仁與杏花。

左頁：含苞待放的杏花、盛開的杏花枝已見結果之小杏實，及試做的真君粥。

河祇粥

武夷山有「城村漢城遺址」，其歷史可遠溯晚秦到漢朝。

《史記》之〈孝武本記〉載漢武帝祠「天一、地一、泰一」三神，後增加黃帝、冥羊、地長、武夷君，其祭品亦各不同，而「祀武夷君用乾魚」。古稱乾魚爲「薧」（音槁），南方人稱「鯗」（音想），多半煨燒。《山家清供》作者林洪至天台山遊玩時看到乾魚煮粥，傳說可治偏頭痛，竟可比曹操讀了陳琳之檄文後頭風痊癒。

武夷山是道教聖地，其「升眞玄化洞天」是道教三十六洞天之一。

武夷山亦以岩茶聞名。

右：武夷山是道教聖地，三十六洞天之一。

左頁上：Thomas Allom; G. N. Wright 於一八四三年所繪武夷山產茶圖。

左頁下：武夷山漢代遺址。

河祇粥的做法是取乾魚浸洗後細切，同米一起煮，此粥要放醬料（或鹽），再加胡椒而成。

北宋王子韶《雞跖集》云「武夷君食河祇脯」，林洪稱其爲河祇粥。

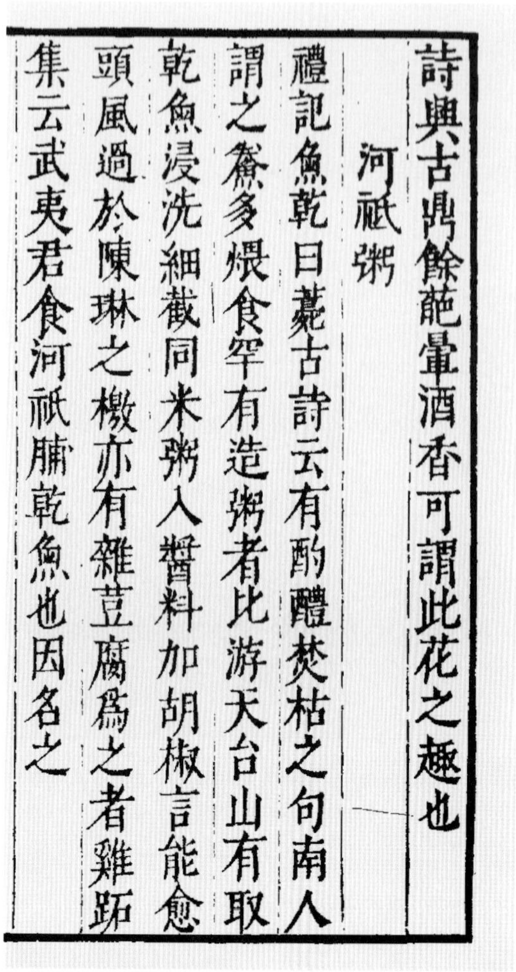
詩興古遇餘葩暈酒香可謂此花之趣也

河祇粥

禮記魚乾曰薨古詩云有酌醴焚枯之句南人謂之鮝多煨食罕有造粥者比游天台山有取乾魚浸洗細截同米粥入醬料加胡椒言能愈頭風過於陳琳之檄亦有雜豆腐爲之者雞跖集云武夷君食河祇脯乾魚也因名之

上：《山家清供》書中有關河祇粥的描述。

左頁上：武夷山九曲灣。

左頁下：河祇就是魚乾。

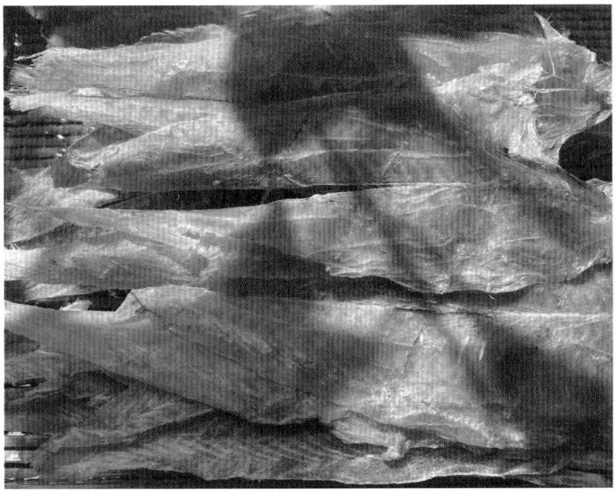

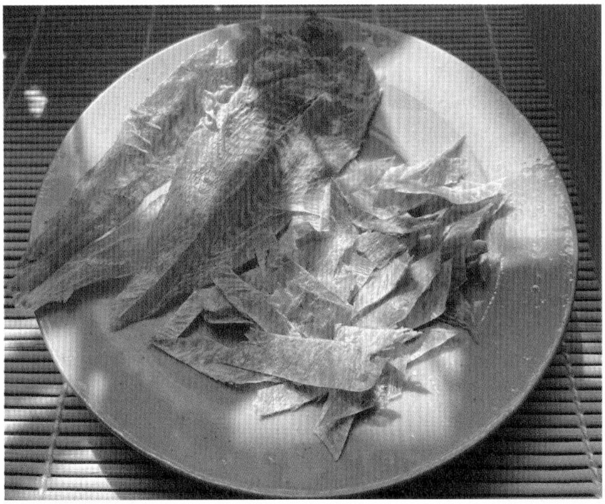

梅粥

雪水煮白米，煮熟後撒下洗淨的飄落梅花瓣爲梅粥，眞有意境。

正發愁這款梅粥的時間性，朋友傳來家中梅花盆景開花照片，看來是非常小的一株，仍厚顏請求可否撿些落英試做梅粥。

盆下落英雖繽紛，但花瓣極柔弱無法拾撿，更難想像如何清洗。主人說盛開已過，花朵輕輕一碰就可以手承接，未曾落地也就不用洗。雖沒雪水煮的白粥，將梅花瓣撒在粥上，也算完成。

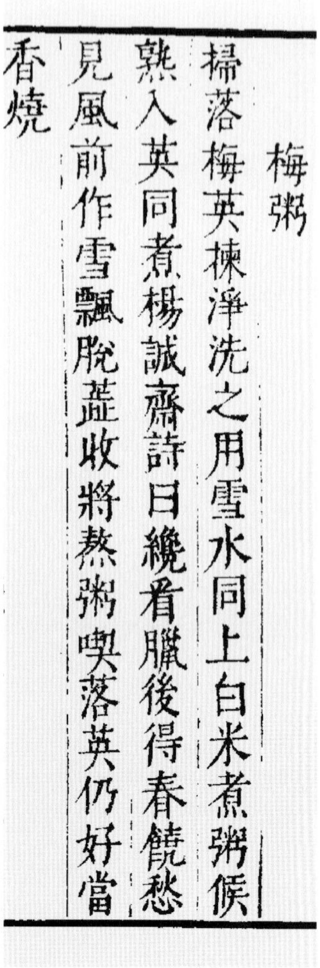
梅粥
掃落梅英揀淨洗之用雪水同上白米煮粥候熟入英同煮楊誠齋詩曰纔看臘後得春饒愁見風前作雪飄脫蕋收將熬粥喫落英仍好當香燒

上：《山家清供》書中有關梅粥的描述。

左頁：從盛開的梅花到落英繽紛，最後做成梅粥。

荼蘼粥

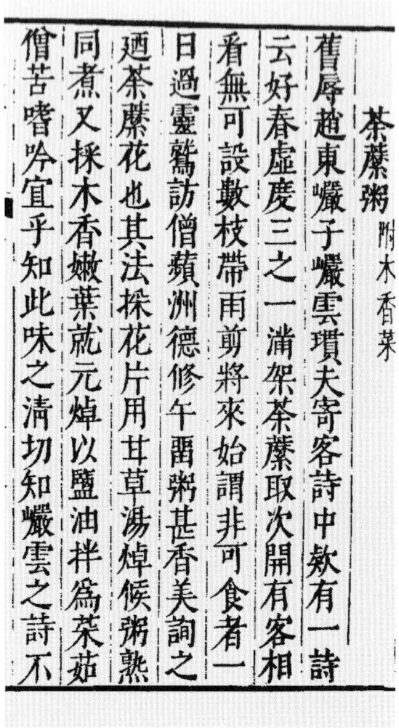

荼蘪粥 附木香菜

舊辱趙東巖子巖雲瓚夫寄客詩中款有一詩云好春虛度三之一滿架荼蘪取次開有客相看無可設數枝帶雨剪將來始謂非可食者一日過靈鷲訪僧蘋洲德修午留粥甚香美詢之廼荼蘪花也其法採花片用甘草湯焯候粥熟同煮又採木香嫩葉就元焯以鹽油拌爲菜茹僧苦嗜吟宜乎知此味之清切知巖雲之詩不

上：《山家清供》書中有關荼蘼粥的描述。

左：木香花開時與荼蘼相近。

左頁：李瑞宗博士認為大花白木香更接近荼蘼原意。

荼蘼亦稱爲酴醾，是薔薇花科的植物，曹雪芹《紅樓夢》引用了宋王淇詩句「開到荼蘼花事了」爲孱月預言，因荼蘼花是二十四番花信風之末，喻春日將盡的哀傷。

《山家清供》作者訪靈鷲寺，僧蘋洲中午留他喝粥，因味清香美，詢之知是酴醾粥，想起友巖雲（趙瓚夫）所寄酴醾詩：「知巖雲之詩不誣也。」作者記下蘋洲食譜，在穀雨花開時採下花片，用甘草湯燙過備用，粥另煮熟時加入花片略拌煮而成。

配粥的是木香嫩葉，用同一湯燙過後，以麻油、鹽拌之。

中卷
韶華勝極

〈清孫溫繪全本紅樓夢〉五十三回〈榮國府元宵開夜宴〉。

《紅樓夢》粥冊

小說《紅樓夢》開卷之「粥」較之全書一點也不華麗，是第二回「破廟中一個龍鐘老僧在那裏煮粥」。

書中各色細粥隨後才一一登場，復刻紅樓的粥冊，展現「韶華勝極」豪門貴冑生活飲食，並不僅僅是爲重現食譜，而是更想一窺作者安排這些粥品背後的不寫之寫。

書中碧粳粥與紅稻米粥最爲吸睛，住在怡紅院的賈寶玉喝碧粳粥，呼應元妃賜名大觀園「怡紅快綠」。書中碧糯是貢品，現實中綠米產量極少，日本稱之爲「幻之米」。

紅稻米粥僅爲賈母獨享，御田胭脂米是眞的珍貴，或僅只是作家杜撰的浪漫？它的前世今生爲何，與江寧曹家及蘇州李家之間，又有怎樣的關係？

林黛玉喝的是薛寶釵送的燕窩粥，乾隆年間是極度昂貴。清代燕窩來自中南半島海岸峭壁上，由島民吊掛飛懸採得，荷蘭萊頓大學竟然還保存有十九世紀的照片與繪圖。

書中多次提寶玉吃「泡飯」，這是金陵六朝迄今的舊俗。日本深受六朝影響，相類似的「水飯」曾被寫入描述平安時期的小說《源氏物語》。

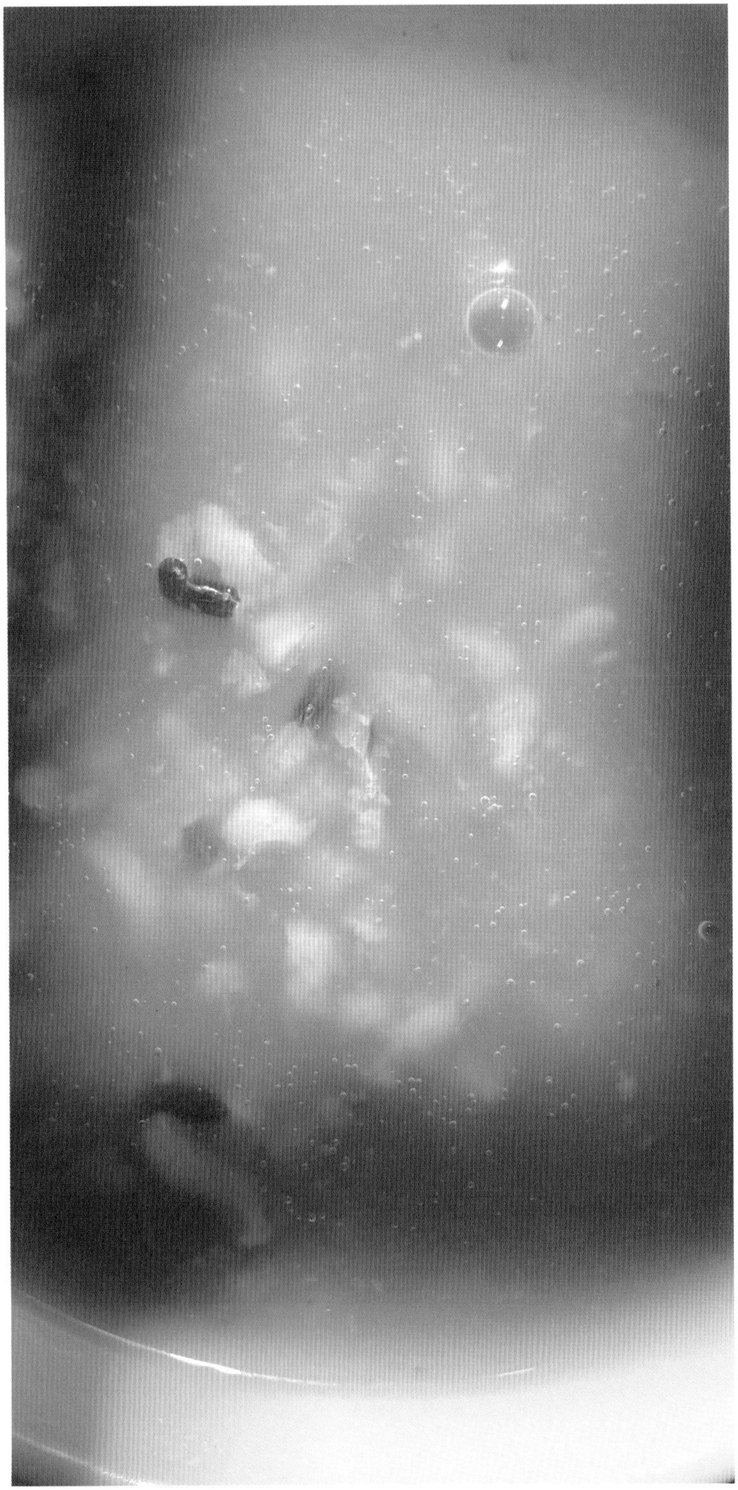

右上及左：《紅樓夢》中碧粳粥與紅稻米粥「怡紅快綠」。
右下：甲戌本脂批—美粥名。

胭脂米粥

日曬野田紅稻香。
——曹寅

評比《紅樓夢》中的佳餚美饌，最精采的菜如果是茄鯗，那最獨特的粥當然是「紅稻米粥」。

第七十五回中寫著：「賈母問：『有稀飯吃些罷了。』尤氏早捧過一碗來，說是紅（香）稻米粥。賈母接來吃了半碗，便吩咐：『將這粥送給鳳哥兒吃去。』」

紅稻米粥應是用第五十三回烏進孝所上繳的「御田胭脂米二石」熬煮，較之碧糯、白糯、粉粳米的各五十斛，胭脂米僅四斛（清一石約二斛），下用長米更多達一千石。

賈母見尤氏吃的是白粳米飯，王夫人和鴛鴦忙解釋道，這兩年因旱澇不定，田上「幾樣細米更艱難」。

看來紅稻米對賈府也是珍稀，剩粥還能賞賜王熙鳳這樣重要人物，只是其他篇回再未見到此米此粥。

庚辰本「胭脂米」下有夾批：「在園雜字（志）曾有此說。」《在園雜志》作者爲康熙中葉劉廷璣，該書未見「胭脂米」之名。書中僅提到浙閩總督范時崇（與查抄江寧曹家的范時繹是堂兄弟）隨駕熱河時，曾獲康熙御賜一大碗「硃紅色大米飯」。

右：花蓮紅米煮的胭脂米粥。

左：庚辰本《紅樓夢》七十五回這段文字，紅、稻間較他本多一「香」字。

范時崇轉述紅米來歷，與康熙自撰的《幾暇格物編》同。源於某六月聖駕路過豐澤園，突見御田中有一株稻高出衆稻之上，且實已堅好。稻株原到九月才能收成，康熙特命收藏其種，看來年是否亦能早熟。結果第二年一樣，從此生生不已。「四十餘年以來，內膳所進皆此米也。其米色微紅而粒長，氣香而味腴，以其生自苑田，故名御稻米……今御稻不待遠求，生於禁苑與古之雀銜天雨者無異。朕每飯時，嘗願與天下群黎共此嘉穀。」

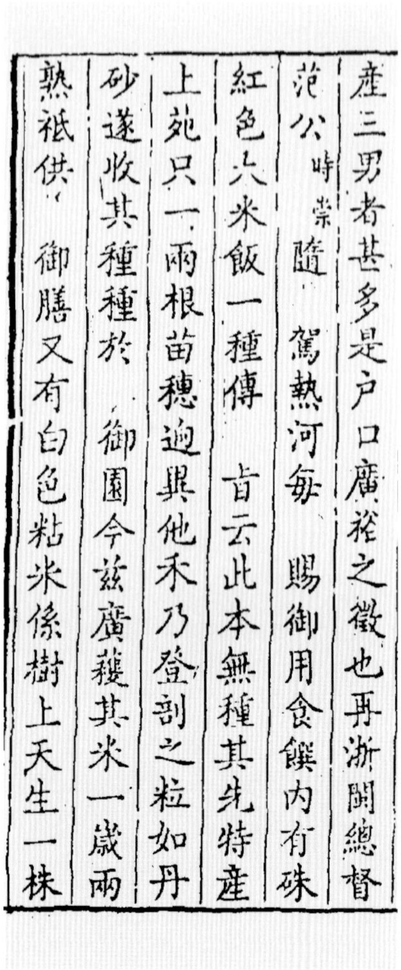
產三男者甚多是戶口廣裕之徵也再浙閩總督
范公時崇隨　駕熱河每　賜御用食饌內有硃
紅色大米飯一種傳　旨云此本無種其先特產
上苑只一兩根苗穗迥異他禾乃登剖之粒如丹
砂遂收其種種於　御園今茲廣穫其米一歲兩
熟祗供　御膳又有白色粘米係樹上天生一株

上：庚辰本五十三回脂批所示「御田胭脂米」來源。

左頁右上：劉廷璣著《在園雜志》原文。

左頁左上：清代皇帝親耕、皇后親蠶，彰顯對農業的重視。焦秉貞〈御製耕織全圖〉第三圖〈耙耨〉。

左頁下：日本紅米成熟圖（維基共享資料，作者gtknj）。

十斤鹿舌五十條牛舌五十條蟶干二十斤榛松桃杏穰各二口袋大对蝦五十对干蝦二百斤銀霜炭上等選用乙千斤中等二千斤柴炭三萬斤御田胭脂米二石（在圉雜字曾有此說）碧糯五十斛白糯五十斛粉秔五十斛雜色粱穀各五十斛下用常米一千石各色干菜一車外賣粱穀牲口各項之銀共折銀二千五百兩

《紅樓夢》書中「紅稻米粥」用的極可能就是米粒色澤偏微紅的「御稻米」。曹雪芹以「御田」彰顯珍貴，「胭脂」也倍添神祕。

雪芹出生年推測最早約在康熙五十四年，正是「御稻」如火如荼推廣期，一碗紅稻米粥引起紅學界關注，多少因江寧織造曹頫（雪芹父親可能人選之一）也參與其中。

康熙五十四年起，蘇州織造李煦奉皇帝諭旨，在江南試種「御稻」。五月十六日李煦〈御種稻已插蒔摺〉上奏，稟報賜下種子已欽遵插蒔完畢。曹家與「御稻」淵源見同年八月二十日李煦另一摺，報告這一石「御種穀子」奉諭分給江南各處試種，其中「江寧織造曹頫請去一斗」。自此到康熙去世止，李煦每年都至少上兩道奏摺，報告御稻二穫情況，及越來越多人分種成功。

康熙六十一年李煦已擴種御稻一百畝，每畝可收四石。這年十一月十三日康熙帝去世，雍正二年李煦被革職抄家。

曹頫也上過〈求賜稻種由摺〉，並透過李煦得到一斗種子。但在康熙五十四年十二月初一，他的奏摺坦承因播種過遲，兩次試種御稻都無法結實。爾後，曹頫上摺報告他種御稻成果，一畝可收得二石七、八斗，每穫上呈新米只需一石，家人自有餘裕分享。

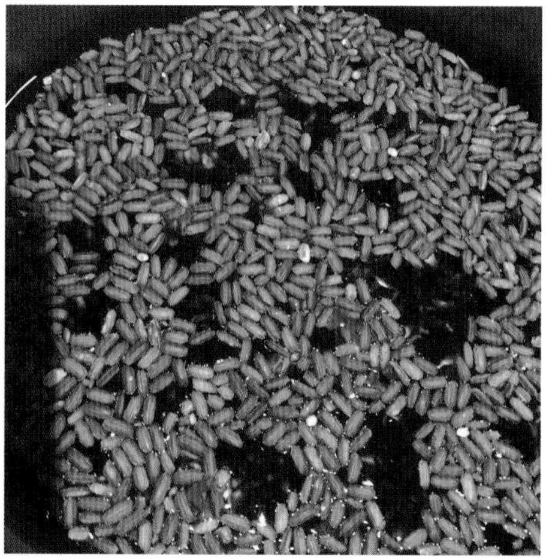

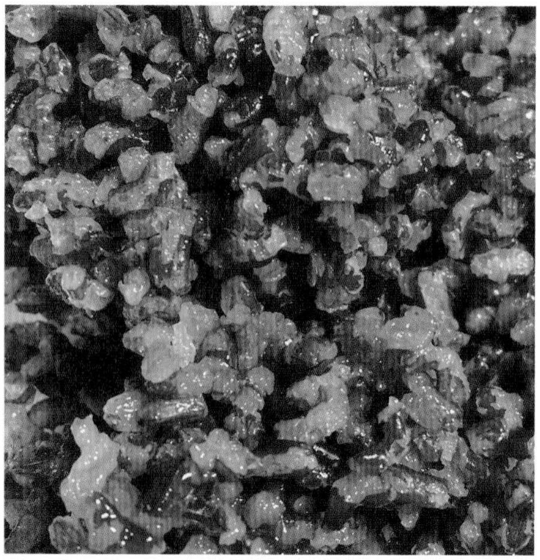

紅米與所煮的硃紅色大米飯，與色票顯示的胭脂色相近。

紅米並非稀有。南宋程大昌《演繁露》記載：「赤米今有之，俗稱紅霞米……桃花米卽赤米。」明《嘉靖吳縣志》記「紅蓮稻，皮紅，米半有紅粒，味香」，都屬江南早熟稻。曹寅有「日曬野田紅稻香」詩句。

雍正年再不見「御稻米」之名，《古今圖書集成》略以「丹黍米卽赤黍也，浙人呼爲紅蓮米」，引用《本草綱目》分類，丹黍米屬於「稷粟類」而非「麻麥稻類」。

看來李煦與曹頫等江南官吏，是配合康熙演出一場「雀銜天雨」的神跡大戲（典出神農時天降粟粒種子如雨，及丹雀銜九穗禾來）。

至於書中「胭脂米」名稱，應該是雪芹配合愛吃胭脂的寶玉所創造的浪漫命名，竟讓「野田丹黍」變身爲「御田胭脂米」傳奇。

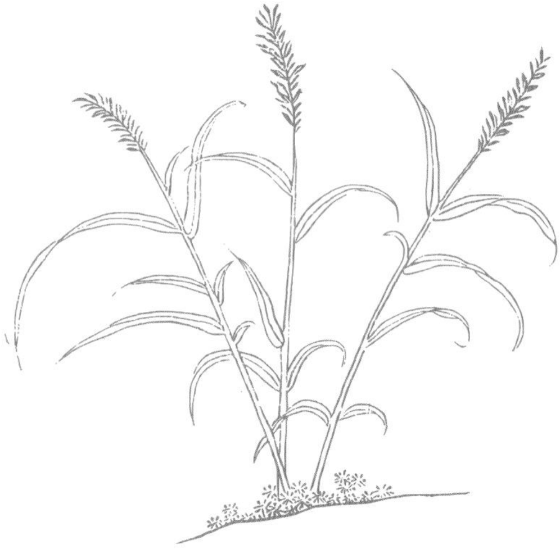

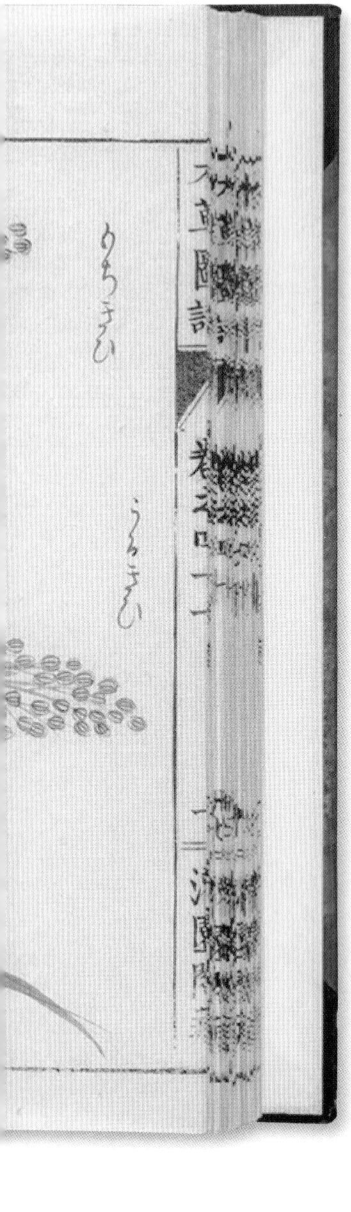

雍正六年版《古今圖書集成》之丹黍圖，與百年後文政十一年日本出版之《本草圖譜》所繪丹黍類同。

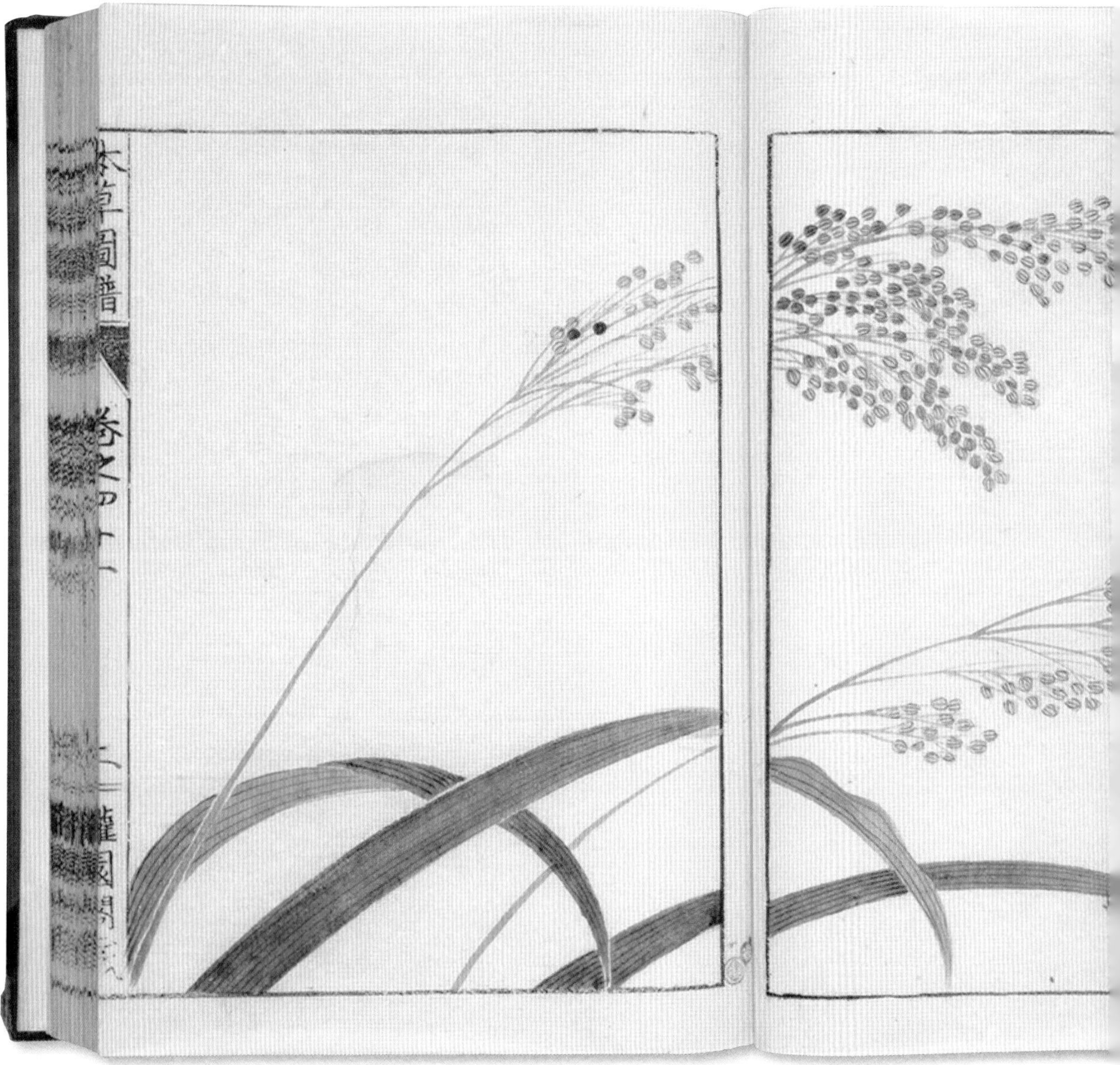
本草圖譜

燕窩粥

讀《紅樓夢》會有「左釵右黛」偏見，認爲黛玉與寶釵是對立的競爭關係，此並非曹雪芹的原意。四十五回「金蘭契互剖金蘭語」兩人相互交心，牽線見證者是燕窩粥。

寶釵關心體弱的黛玉，看了她的藥方說：「……人參、肉桂覺得太多了。雖說益氣補神也不宜太熱。依我說先以平肝健胃爲要……胃氣無病，飲食就可以養人了。每日早起拿上等燕窩一兩、冰糖五錢，用銀銚子熬出粥來，若吃慣了比藥還強，最是滋陰補氣的。」

黛玉嘆道：「請大夫、熬藥、人參、肉桂，已經鬧了個天翻地覆，這會子我又興出新文來，熬什麼燕窩粥……那些底下的婆子、丫頭們未免不嫌我太多事了……」

寶釵笑道：「……我們家裏還有，與你送幾兩，每日叫丫頭們就熬了……」

第五十七回「黛玉聽了這話……心內未嘗不傷感……便直泣了一夜，至天明方打了一個盹兒。次日，勉強盥漱了，吃了些燕窩粥。」

寶釵並未食言，確實有送燕窩過去，看起來兩人對話說得那麼地輕鬆，燕窩從來就是昂貴的滋補品，照這樣吃下去，書中人物也只有薛寶釵的財力與氣度，做得到這樣闊綽的舉動。

上：按薛寶釵配方，一兩燕窩配上五錢冰糖，呈現滋味極佳的燕窩粥。

左：《紅樓夢》四十五回有關燕窩粥的原文。

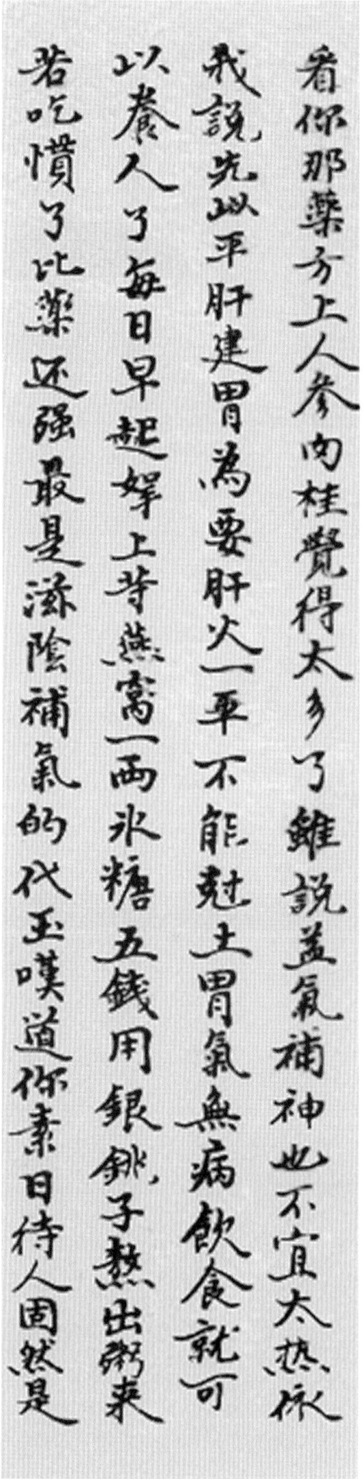
看你那藥方上人參肉桂覺得太多了雖說益氣補神也不宜太熱依
我說先以平肝建胃為要肝火一平不能尅土胃氣無病飲食就可
以養人了每日早起拿上等燕窩一兩冰糖五錢用銀銚子熬出粥來
若吃慣了比藥還強最是滋陰補氣的代玉嘆道你素日待人固然是

燕窩原產於沿海斷石峭壁上，明《泉南雜志》記福建遠海亦有，住民云：「蠶螺背上肉，有兩肋，如楓蠶絲，堅潔而白，食之可補虛損……故此燕食之，肉化而肋不化，并津液嘔出，結爲小窩，附石上……海人依時食之故曰燕窩。」

清初《廣東通志》：「海燕大如鳩，春回巢於古巖，危壁葺壘，乃曰海菜也。島彝（海南島）伺其秋去，以修竿接鏟取而鬻之，謂之海燕窩，隨舶至廣貴家宴品珍之。」

明末清初對燕窩的形成、產地及療效已有所知。

據馮立軍教授〈略論明清中國與東南亞燕窩貿易〉一文，燕窩輸入的歷史可遠溯到唐宋，元代也有記載。清代需求大增而貿易量擴大，當地住民冒險在峭壁上鏟採，經銷海商大多係國人。

兩頁圖均為荷蘭萊頓大學及熱帶博物館所收藏，十九世紀末印尼峭壁採燕窩的珍貴圖片，數量稀少及取得艱辛是當時燕窩昂貴的原因。

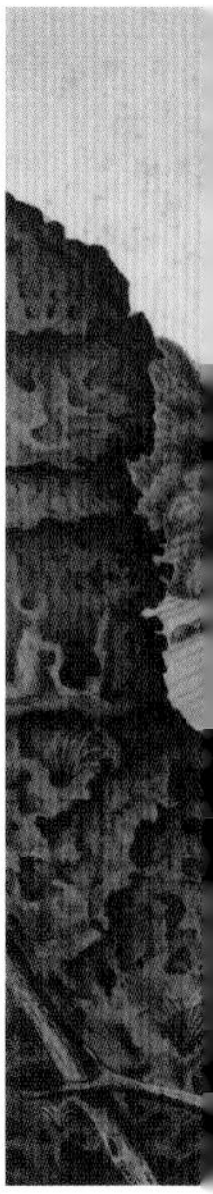

康雍年後因乾隆帝嗜食，高官富紳趨之若鶩，道光年已漲至一斤數十金，成爲翡翠、象牙、犀角、沉香外與東南亞貿易的奢侈品。

《紅樓夢》書中的燕窩粥是將燕窩熬成糜狀，除冰糖外，並沒添加米粒，一兩燕窩僅約五、六燕盞，按寶釵配方大概可煮出五小碗。

據康熙年間葉夢珠《閱世編》卷七論及此時民生物資價格，其〈食貨六〉稱燕窩菜「余幼時每斤價銀八錢……順治初，價亦不甚懸絕也」。其後漸長，竟至每斤紋銀四兩……」此時曹寅一年俸祿才一百零五兩。

曹雪芹寫書約在乾隆初年，燕窩價格雖不至於一斤數十金，應該已高出四兩很多很多了。

現在燕窩雖人工飼養，但價格仍昂貴，一兩近四千台幣。

相對於價格昂貴，燕窩滋養療效是否眞實，坊間常引用《本草綱目》說如何如何，然該書沒半個字提到燕窩。乾隆三十年的《本草綱目拾遺》作者趙學敏雖是中醫，書中論及燕窩只是抄抄早幾年出版的《本草從新》資訊，說是可治痘症痰疾。

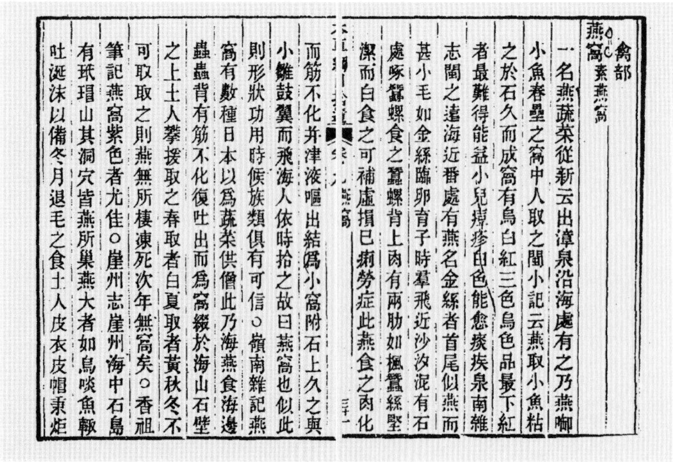

禽部

燕窩 素燕窩

一名燕蔬菜從新云出漳泉沿海處有之乃燕啣小魚舂壘之窩中人取之閩小記云燕取小魚粘之於石久而成窩有烏白紅三色烏色品最下紅者最難得能益小兒痘疹白色能愈痰疾泉南雜志閩之遠海近番處有燕名金絲者首尾似燕而甚小毛如金絲臨卵育子時羣飛近沙汐泥有石處啄蠶螺食之蠶螺背上肉有兩肋如楓蠶絲堅潔而白食之可補虛損已痢勞症此燕食之肉化

三十一

而筋不化并津液嘔出結爲小窩附石上久之與小雛鼓翼而飛海人依時拾之故曰燕窩也似此則形狀功用時候族類俱有可信○嶺南雜記燕窩有數種日本以爲蔬菜供僧此乃海燕食海邊蟲蟲背有筋不化復吐出而爲窩綴於海山石壁之上土人攀援取之春取者白夏取者黃秋冬不可取取之則燕無所棲凍死次年無窩矣○香祖筆記燕窩紫色者尤佳○崖州志崖州海中石島有玳瑁山其洞穴皆燕所巢燕大者如烏啖魚輙吐涎沫以備冬月退毛之食土人皮衣皮帽秉炬

銀耳

銀耳過去也曾是名貴補品，同治年間已有人工栽種，近代繁殖技術大進步後，價格親民被稱為平民的燕窩，況其營養價值不遜燕窩。

雙燕粥

禾本科下分燕麥屬與雀麥屬，是不同系的植物，《本草綱目》出版的明朝，認爲「燕麥卽雀麥」，有些藥方上寫用雀麥，有的附圖卻是寫燕麥。

日本本草學者岩崎常正於一八二八年編《本草圖譜》一書，記載兩千種植物，僅見標明「雀麥」圖多種，現代分類學看來，有雀麥也有燕麥。

燕麥原是牧草，其穗散而少，過去屬粗糧，可能都列不上烏進孝的「雜色糧穀」，更別說「細米」。

近年來，燕麥富多種維生素加上高纖、低脂以及號稱可以降膽固醇，被視爲是健康食品的代表。

滋補的燕窩與健康養生的燕麥都有「燕」字，兩者同煮可名爲「雙燕粥」，一定符合曹雪芹的品味，脂硯齋也許會讚一聲「巧粥名」。

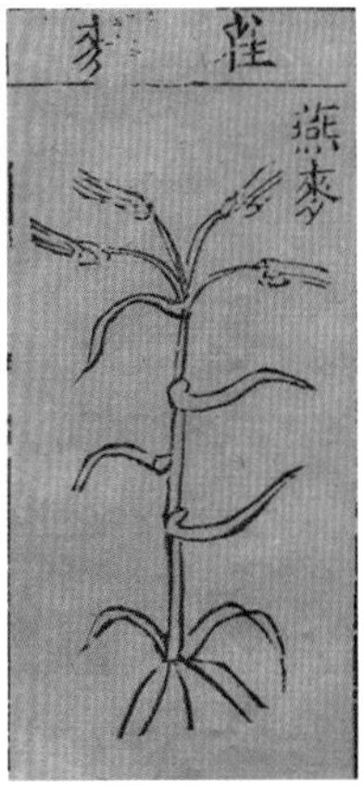

上：雙燕為燕麥與燕窩，燕麥原為粗糧，需浸泡較久後熬煮，再加鮮奶提味。

下：萬曆年金陵胡承龍刻原版之《本草綱目》，列聯合國教科文組織世界記憶，其雀麥圖標示燕麥。

左：Host, Nikolaus Thomas (1761-1834) 所繪燕麥圖，穗如同燕尾。

燕麥一合可煮出十碗燕麥粥，因雙燕價格懸殊，每碗粥能加上一大匙燕窩就非常奢侈。

燕麥需浸水泡開後再熬煮才能熟爛，燕麥原爲粗糧，浸水時間比一般粳米要久，需將淺褐色的外皮泡到接近象牙色，完全看不到原來的殼，顆粒也明顯增大，才算完成。

煮前要清洗燕麥粒，與洗米一樣清澄爲佳。煮燕麥可多放水，煮後會呈現黏稠糊感，若仍覺得不夠細膩，可將一半放入果汁機，打成糊狀後勾兌另一半，口感最美味。

燕麥粥盛碗後，加一匙冰糖熬煮成糜狀的燕窩，因《本草綱目》推薦「羊乳補一切虛，一切血」、「牛乳老人黃膽，煮粥食」，再澆鮮乳提味，雙燕粥就完成了。

雙燕粥，滋養、味美、名巧。

碧粳粥

脂硯齋

——美粥名

粥品多次出現在《紅樓夢》書中，最獨特的當是紅稻米粥，再就是第八回賈寶玉喝的「碧粳粥」。

這天寶玉在薛姨媽處吃「……酸筍雞皮湯，寶玉痛喝了兩碗，吃了半碗飯（合些二）碧粳粥」，甲戌本這段文字側，脂批：「美粥名」。

河北玉田產有微綠色的粳米，清代屬於貢品。《紅樓夢》中的碧粳粥應是用烏進孝上繳「碧糯」所煮。

《本草綱目》以「稻者粳、糯之通稱……粘者爲糯，不粘者爲粳。」綠米米粒是圓，性質偏粘。曹雪芹是文人，恐難界定是粳、是糯。

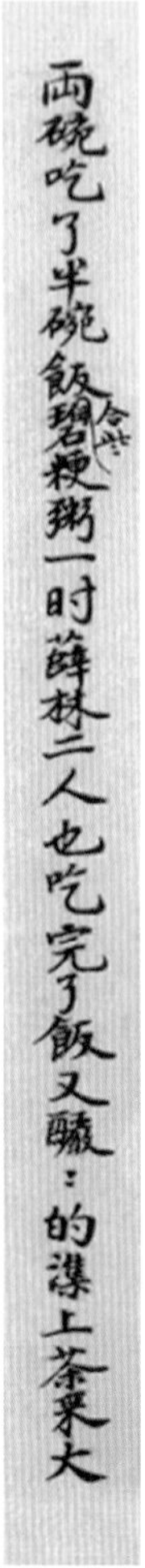

兩碗吃了半碗飯（合些）碧粳粥一时薛林二人也吃完了飯又釅釅的沏上茶来大

右：完成之碧粳粥。

上：庚辰本第八回較他本側多「合些二」兩字。

左頁：日本《本草圖譜》之粳穀圖，禾本科種子常帶色，是否即「碧粳」不得而知。

粳穀奴
くろんぼ
穀の穂麦奴
綿の如く黒
黴を生ずる
物を粳穀奴
といふ

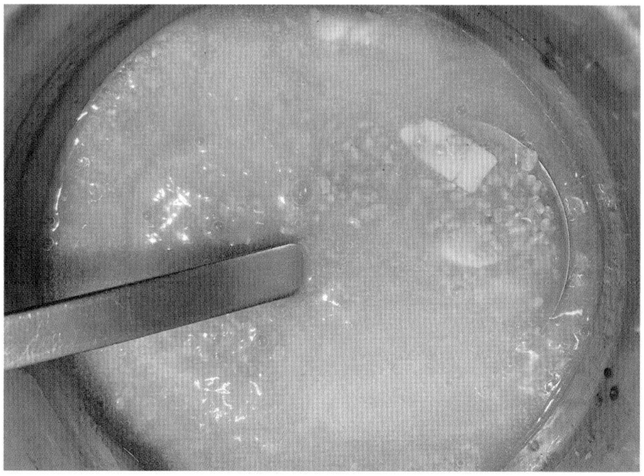

以韓國綠米與日本新鮮干貝所煮的干貝碧粳粥。

禾本科植物種子本就多色，有紅有綠，並不算太珍稀。日本彌生時代就有的米通稱「古代米」，有赤、綠、黑等色，韓國也有綠米稱之爲「녹미」。日韓綠米口感接近糯，東南亞用的綠米有些是染色的。

若將綠米粥加上新鮮干貝，干貝的鮮甜加上碧糯的淡香，淡綠色的「碧粳干貝粥」不但粥美，名也美。

奶子糖粳粥

第十四回《紅樓夢》王熙鳳協辦寧國府秦可卿的喪禮，逢「五七」時有許多道僧法事要做，至寅正鳳姐就起來梳洗，「……收拾完備，更衣盥手，喝了兩口奶子糖粳粥，漱口已畢，已是卯正二刻了。」

《本草綱目》認爲粳米益脾胃，更極力推薦羊乳，認爲可「補一切虛、一切血」，建議煮粥食。王熙鳳此時被請去寧國府當此重任，一早喝「奶子糖粳粥」充飢也兼養生。

煮粳米粥需先浸米，煮時寬水先煮滾後，以小火慢慢熬，更考究的是不蓋鍋蓋，熬到水米不分。

奶與糖都是粥熬好才加。

紅棗粳米粥

粳米是當時北方珍貴的大米，賈府只有重要的主子享用。第四十二回，平兒送劉姥姥「兩斗御田粳米」，並說「熬粥是難得的」。

第五十四回賈府元宵節活動快結束時，賈母覺得有些餓，「鳳姐兒忙回說：『有預備的鴨子肉粥。』賈母道：『我吃些清淡的罷。』鳳姐兒忙道：『也有棗兒熬的粳米粥，預備太太們吃齋的。』」

紅棗過去是珍貴食材，常在《本草綱目》藥方中出現，第十回張太醫所開的「益氣養榮補脾和肝湯」藥方中除人參、白朮等藥材外，藥引用「建蓮子七粒去心、紅棗二枚」。

乾的紅棗需先浸水，讓其略蓬鬆易軟，然後與粳米一起熬煮，容易呈現出棗子本身的香甜，也有加蓮子做成紅棗蓮子粥。

鴨子肉粥

賈母嫌不夠清淡的「鴨子肉粥」實是美味的粥品，才會特別預備做爲賈府元宵節的夜宵。

賈府鴨粥的鴨，用的當是烏進孝所進「活雞、鴨、鵝各二百隻」之中的鴨。清初普遍的用鴨，是原生於黑龍江和烏蘇里江一帶的青頭鴨。此一產區亦符合烏進孝所述「外頭都是四、五尺深的雪……」走了一月零兩日，才從莊園走到京城。

另有產於南方湖泊的白鴨，以食鴨肉、鴨血爲主，按《本草綱目》記，這兩種鴨功能各有不同。

《本草綱目》中記青頭鴨治氣虛寒熱、腹水腫，可以「用青頭鴨煮汁飲，濃蓋取汗」，按此，鴨粥可用於食療養生。

要治水病則是「用青頭鴨一只，如常治切，和米，並五味（子）煮作粥食」，但是「治虛勞熱毒，宜用烏骨白鴨」。

鴨圖

右：欽定《古今圖書集成》中之鴨圖，應為南方白鴨。

左頁：荷蘭插畫家 John G. Keulemans 為一九〇八年出版《The Indian Ducks and their Allies》所繪插圖，圖中為白眼潛鴨（Nyroca baeri），即青頭鴨的另一名稱。

目前青頭鴨已瀕臨滅絕，現在想要做鴨粥，最簡單是利用吃完烤鴨的鴨架來烹煮。

煮鴨粥前先剔下鴨架骨上餘肉，切成小丁備用。鴨架用滾水燙過後加薑塊及少許米酒，半隻鴨架約以一公升半水煮，滾後須將浮沫撈出，轉極小火，熬到剩七、八分時熄火，放冷後過濾備用。

要煮粥時才將高湯再沸騰，浸泡過的圓糯及粳米各半杯，加入鴨架湯中，一面需不停攪拌避免沾鍋，滾煮後換極小火，慢慢熬到米熟。

一面可加入筍絲、香菇絲等配料及鹽調味，起鍋前撒上鴨肉丁、白胡椒及芹菜粒完成。

以鴨架熬出高湯，再配上鴨肉，煮成現代版的鴨子肉粥。

泡飯

紅學家有統計過《紅樓夢》中的南京方言，據稱數量極多。

我雖原籍是金陵，家中不講方言，只記得小時候老爸叫煮開水爲「炊水」。二十四回秋紋罵紅玉爲寶玉倒茶「……正經叫你去催水去……倒叫我們去，你可等著做這個巧宗兒。」應是「炊水」筆誤。

南京人稱上幾步台階的小平台爲「台磯」，寶玉夢到甄寶玉家「……忽上了台磯，進入屋內。」

家中常吃的是書中的「泡飯」，較之粥，南京人更愛泡飯，要比煮粥簡單多了，將冷飯澆上炊滾的開水就成了，一般也會吃湯泡飯。

四十九回寶玉嚷餓，賈母不讓年輕輩吃端上的「牛乳蒸羊羔」，要他們等新鮮鹿肉。「衆人答應了寶玉卻等不得，只拿茶泡了一碗飯，就著野雞瓜齏忙忙的咽完了。」

另一次在六十二回，有著「熱騰騰碧熒熒蒸的綠畦香稻粳米飯」，寶玉看芳官將蝦丸雞皮湯泡飯吃了一碗，他「聞著倒覺比往常之味有勝些似的……又命小燕也撥了半碗飯泡湯一吃，十分香甜可口。」

傳說泡飯是六朝時已有的古金陵食俗，除了開水泡飯，也有用茶來泡的。明末董小宛住南京時，據說也以茶淘飯，清《浮生六記》作者沈復妻陳芸，更是每飯必用茶泡。

上：寶玉喝楓露茶是重烘焙茶，泡飯後茶湯色深。

左：可口的蝦丸雞湯泡飯。

水飯

中國有些地方稱粥為「水飯」，東北有高粱米水飯、小米水飯等。

日本初次記載「水飯」，是飛鳥時期權臣蘇我入鹿於六四五年（唐貞觀十九年）被暗殺，據稱他入宮前吃了水飯，應只是簡單的泡飯。

成書十一世紀的《源氏物語》第二十六帖〈常夏〉，描述平安時期初夏聚會，有冰水、水飯等（氷水召して、水飯など）。

平安末期彙編的《今昔物語集》卷二十八〈三條中納言食水飯〉乙節描述藤原朝成因太肥胖，聽醫生建議減肥，夏天吃水飯，到了冬天則改吃「湯漬」，即熱湯泡飯。

朝成雖堅守夏天吃水飯，但每頓吃了七、八碗，配菜也十分豐富，有乾瓜、香魚及壽司等，終於吃成相撲力士體型。

室町幕府時，將軍足利義政用昆布椎茸湯泡飯，一定非常美味，日本高湯現在仍都是以昆布為基底。

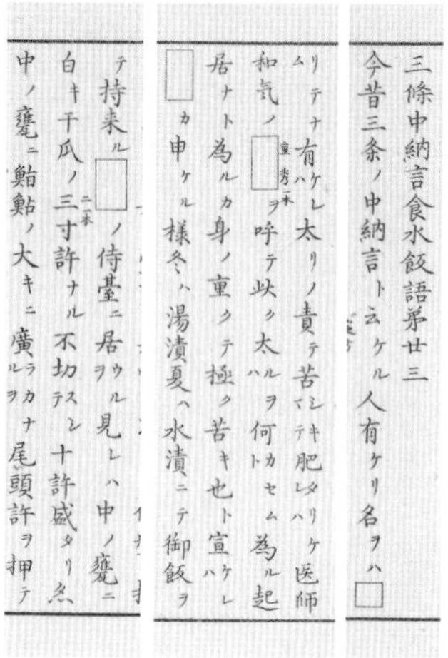

三條中納言食水飯語第廿三
今昔三条ノ中納言ト云ケル人有ケリ名ヲハ□
リテナ有ケレ太リノ責テ苦シキ肥タリケ医師
和気ノ□ヲ呼テ此ク太ルヲ何カセム為ル起
居ナト為ルカ身ノ重クテ極ク苦キ也ト宣ケレハ
□カ申ケル様冬ハ湯漬夏ハ水漬ニテ御飯ヲ
テ持来ル□ノ侍臺ニ居ウルヲ見レハ中ノ甕ニ
白キ干瓜ノ三寸許ナル不切テ十許盛タリ又
中ノ甕ニ鮨鮎ノ大キニ廣ラカナル尾頭許ヲ押テ

右上：日本的水飯，只是用冷開水泡飯。

右下：日本佛教大學藏《今昔物語集》的水飯章節。

左頁：土佐光信繪《源氏物語》第二十六帖〈常夏〉。

茶漬

茶泡飯日本人稱「茶漬け」，與奈良寺廟僧侶簡素茶粥完全不同，茶漬現在已是庶民美食。

早在十七世紀末日本街上已有茶漬屋，後畫入《江戶名所圖冊》（江戶名所図会），成爲當時的街景。

茶漬大多會在米飯上加添食材，以增加滋味，最常見的有梅乾、明太子、鮭魚，也有加上天婦羅炸物。

茶漬用茶最早是一般低價番茶，後來也用焙茶、煎茶或玄米茶。也有完全不加茶，而用昆布鰹魚高湯，近年日本已將茶漬當成國民速食。

浮世繪名家歌川廣重一八三三年繪的《東海道五十三次》第二十一次〈鞠子・名物茶店〉，圖中店鋪是靜岡創業於一五九六年，至今仍營業的「丁子屋」。當時以賣自然薯（山藥）飯爲主，圖中顯示舊時招牌上除山藥飯，還清晰可見茶漬兩字。

右：浮世繪名家歌川國芳所繪之茶漬團扇。

左頁：歌川廣重《東海道五十三次》之〈鞠子・名物茶店〉局部。

一九五二年五月十七日，永谷園食品推出「卽溶茶漬」，只要將袋內物品倒在米飯上，再沖下茶湯，立刻成茶漬，有許多不同口味。雖一碗僅約三、四十円，永谷園總資產卻達二百九十億日幣，可見銷售量之大。現在日本各處都賣卽溶茶漬，有地方特產，也有的仍堅持傳統口味。

日本紀念協會在六十年後，將初發賣卽溶茶漬的五月十七日，以「お茶漬けの日」登錄，可見其普遍至極。

河豚料理很適合用「沒有最貴、只有更貴」來形容，最豪華的「卽溶茶漬」正是下關春帆樓的「とらふく茶漬」。

河豚肉極鮮美，人類吃河豚的歷史很早，但其部分內臟有劇毒，屢傳出毒死紀錄，而有「拚死吃河豚」之說。豐臣秀吉及德川幕府時期都禁止販食河豚，明治初年亦然。

一八八七年春帆樓以河豚招待伊藤博文，方有「料理公許」制度。次年，山口縣河豚禁令單獨解除，春帆樓拿到第一張執照，迄今仍是日本最有名的河豚料理名店。

左頁上：京都祇園天婦羅名店「圓堂」套餐中的茶漬。

左頁右下：永谷園生產的即食茶漬，是平民美食。

左頁左下：春帆樓的河豚茶漬一包三小袋裝，五百四十円。

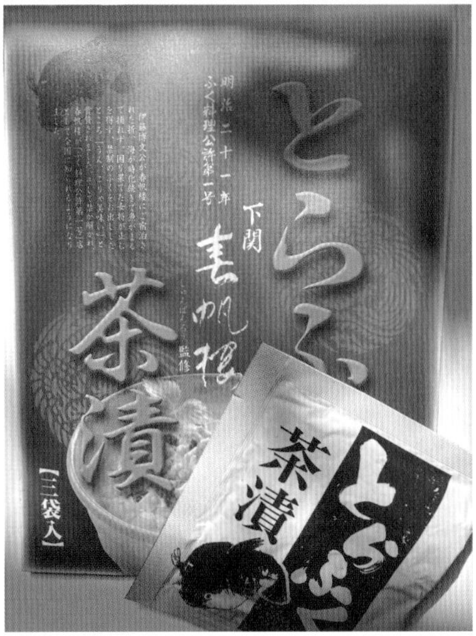
明治二十一年
ふく料理公許第一号
下関
春帆楼
監修
茶漬
【三袋入】
茶漬

味ひとすじ
永谷園
8袋入
お茶づけ
永谷園の
6袋入
さけ茶づけ
梅干茶

用下關春帆樓，「とらふく茶漬」所泡的茶泡飯。黃色圓粒為濃縮的河豚高湯。

另配有芝麻、海苔、細蔥。加上綠色的山葵芥末，做出茶漬如同現做的茶泡飯。

雜炊

日式泡飯有一個特殊的名字：雜炊。這兩個字屬室町時期，宮中宮女所用的「女房言葉」，是優雅而有隱喻的用詞。

宮中用語先是在將軍家流通，漸漸地也流行於市井。現在「雜炊」除了是湯泡飯外，亦專指利用火鍋剩餘湯汁加冷飯所煮的美食。

超級雜炊是美味的甲魚、河豚、螃蟹等火鍋湯所煮出來的。

昭和四年開業的多古安，原是以鮮魚料理稱著，位於大阪是弁天町夕凪。

這間老店在大阪府解禁後，開始在野生河豚產季提供河豚料理。

多年前，曾在多古安取得米其林二星時前往嘗鮮，除河豚的美味外，那碗雜炊自是不凡。

煮雜炊前須將湯中所有剩餘的菜渣肉末全部濾除，只留淨湯。湯煮沸後加入適量冷飯，換成小火，慢慢攪勻飯與湯汁熬煮，等兩者充分融合後才打入蛋汁，略拌就關火。最後加上蔥花，盛入碗內後再加海苔絲、白胡椒食用。

左頁：大阪的多古安是米其林二星的河豚名店。煮完河豚火鍋的湯煮雜炊最為美味。

VISA
JCB
JCB CARDS
夕凪橋
さん江
より

御祝
株式会社ぐるなび
代表取締役社長
久保征一郎

西施泡飯

〈《紅樓夢》粥冊〉卷完美收尾，似只有台北晶華酒店三樓粵菜晶華軒的西施泡飯，才算得上今古輝映。

不同於簡單的湯泡飯或日式雜炊，這款泡飯從湯頭到內容都是專門準備的，並採用桌邊烹煮。

鱈場蟹是主角，還有澳洲帝皇蝦、新鮮干貝、草菇、澎湖絲瓜、青江菜丁及芹菜末，備料台如調色盤。

高湯用蝦蟹頭熬製，顏色濃豔，將湯煮滾後依次將內料加入，扣準在湯再滾時，廚房火速送來剛炸好的泰國香米，入鍋一瞬間爆出的聲音與噴出的香氣，組合成美妙的一鍋泡飯，真正的「韶華勝極」。

左頁上：西施泡飯所用鱈場蟹、干貝、帝皇蝦等配料。

左頁下：顏色濃豔的海鮮高湯、酥炸香米下鍋的瞬間即完成的西施泡飯。

下卷
浮世大千

南唐顧閎中所繪《韓熙載夜宴圖》局部。

人間的滋味

一九二四年，吳稚暉及于右任等人，在上海梅白格路丁福保家成立「粥會」，定期以一鍋熱粥、四碟小菜餐聚，追求「以粥會友、以友輔仁」。吳稚暉當年並訂下「閒話家常，笑談古今」旨趣，便是粥會之始（資料來源：全球粥會官網）。

當年粥會以白粥佐菜，我們茶粥會起源於爐主獲贈一包紅米，決定試煮《紅樓夢》的胭脂米粥請大家嚐嚐，結果一發不可收拾變成每週一中午的聚會。除了紅米，白米、糙米及黑米等等加上配料，各色細粥紛紛出爐。粥友也都挖空心思，從百歲老翁種出的番薯煮粥，到童年常吃的瓠瓜粥、山中採得的烏甜仔菜粥、家鄉鹿港的蚵粥及五台山朝台下山的南瓜小米海參粥，伴著粥友們的記憶，一一帶到餐桌上分享。

粥後喝茶，不是天價的名茶，沒有華麗或侘寂的茶席，是一些偶然成爲好友者自製之茶。武夷山茶家王建平所製的「正山小種」迄今完勝，紅館偶遇兩岸茶王蘇楠雄的炭焙鐵觀音一樣無敵，純粹就是大家一起喝一口好茶。

此卷既稱〈人間的滋味〉，人日七草爲始，再就是日常生活中常喝的粥。稚暉先生的粥會助成丁福保爾後編印《說文解字詁林》出版，茶粥會友共襄盛舉在本卷中各顯身手，吳于粥會一百年後一起成就《食粥百味足》本書。

大寒第二候為「款冬華」，日本《本草圖譜》之款冬，寒冬冒芽，初春成為頂級天婦羅名店圓堂的佳餚。

七草粥

正月七日為人日，以七種菜為羹。
——六朝《荊楚歲時記》

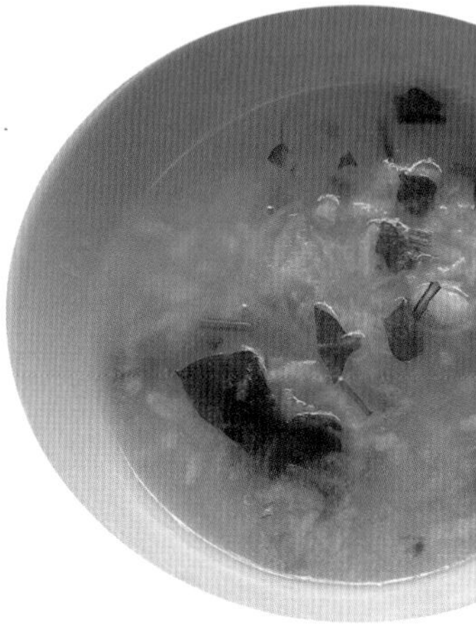

人日起源，傳說是漢東方朔《占書》，以正月初一爲雞日，依次是狗、猪、羊、牛、馬順序排列，初七輪到人，所以稱人日。

學者都認爲《占書》係僞作，此一順序後來加上八日「穀」，初九天公生及初十地生日，應該是宋朝後的泛宗教活動。之前都只是單純的護生六畜、祈福人類平安吧。

人日春草萌發，將其嫩芽採回煮粥食，據稱可以袪病強身。六朝的「七草」沒有明確記錄，推測爲芹、薺、葱、蒜、茴香、菠菜及堇菜。

唐時習俗演變成春日吃五辛盤，以餅捲五種有辛辣味之菜蔬，稱可辟厲氣，五辛即葱、蒜、韭、蕓薹（甘藍或白菜）及胡荽（香菜）。

右：完成的七草粥，及《植物名實圖考》之繁縷。
左及左頁：日本《本草圖譜》上的菘（蕪菁）、紫堇與可食用之紫堇實物。
及戸田祐之繪本《庶物類纂圖翼》中薺、蕓台等野菜。

しろけまん
やぶけまん
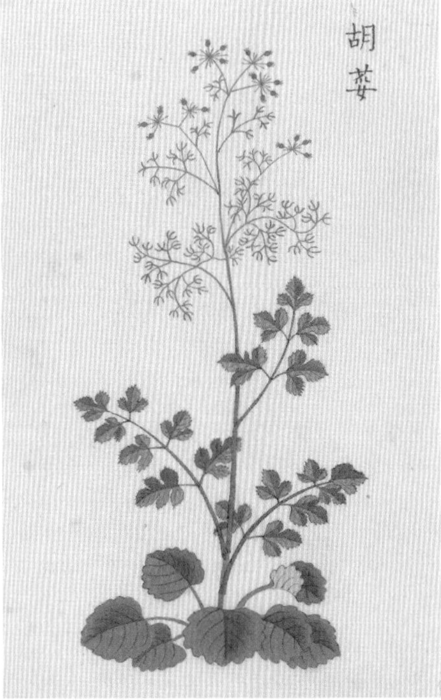
胡荽

菠薐

蕓薹
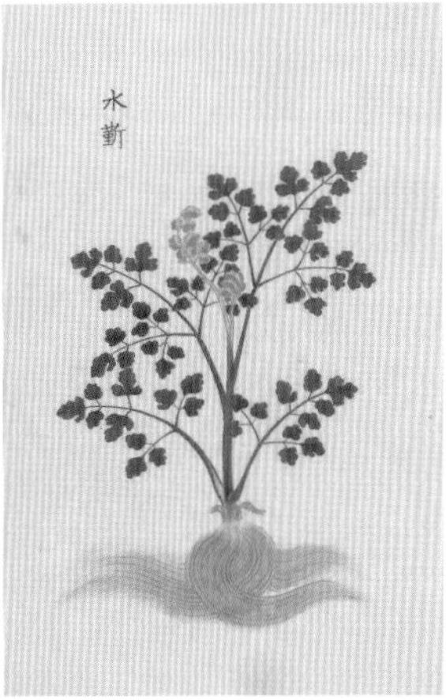
水蘄
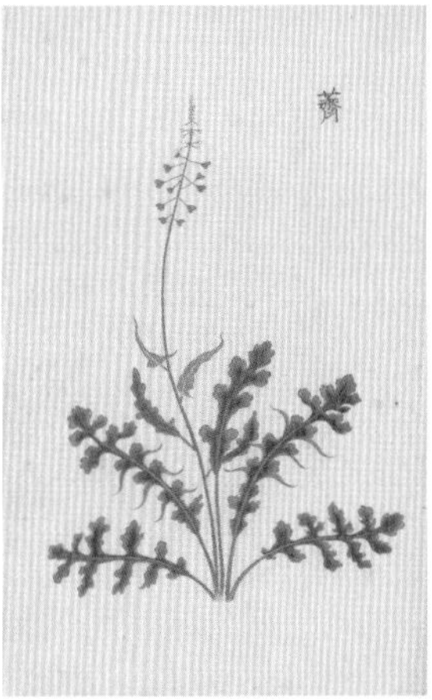
薺

日本奈良時期新春吃「七種粥」，由米、大麥、小麥、粟、黍、黃豆及紅豆七種穀物熬成，類似今天的五穀飯煮成粥。

平安時期七種粥與初春採野菜的習俗演變爲七草粥。

據《源氏物語》等古籍，日本七草爲「芹、薺、繁縷、佛之座（或用稻槎菜）、御形（鼠麴）、菘（蕪）及蘿蔔」，雖說多少是受到六朝人日影響，但僅芹與薺相同。芹是水芹，不同菜市的旱芹。鼠麴草、薺、蕪菁及蘿蔔現仍常見。

佛之座是唇形科植物，漢文稱寶蓋草，也有文獻改用菊科稻槎菜。

繁縷現代人雖少用，對古人並不陌生《本草綱目》李時珍：「繁縷即鵝腸……下濕地極多，正月生苗，葉大如指頭，細莖引蔓，斷之中空，有一縷如絲。作蔬甘脆……」

江戶時期七草節已非常普遍，成爲重要的五節供之一。

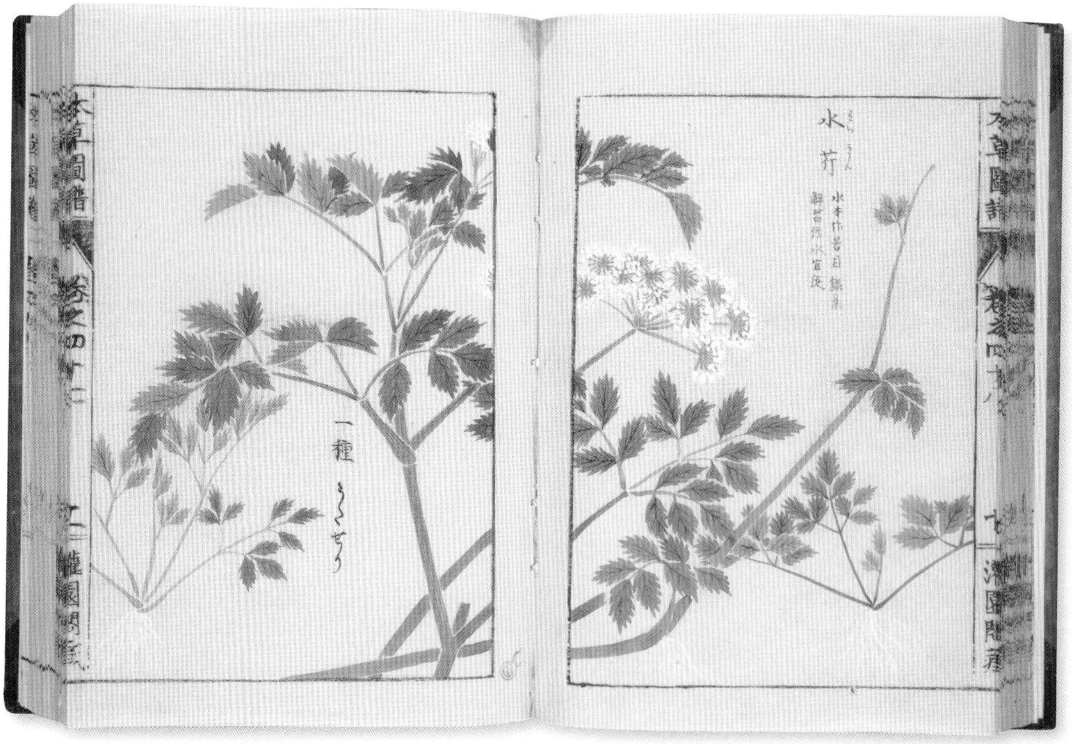

日本《本草圖譜》之水芹。

右行自上而下：茶樹邊野生的鼠麴草、春日常見野生的稻槎菜、室生寺野生薺菜，及《古今圖書集成》的鼠麴草圖。

左：野生的繁縷。

明治維新後日本全面改陽曆，七草是一月七日（人日）、桃花節是三月三日（上巳）、菖蒲節是五月五（端午）、七夕是七月七及九月九菊花節（重陽），都改成了陽曆。

日本七草節仍有吃七草粥傳統，超市有限定二日販售新鮮七草，傳統餐廳也推出僅提供二日七草粥套餐。

左行：日本仍重視七草節，超市或餐廳都有應節活動。（王曼燁攝影提供）

左頁：江戶時期浮世繪〈春遊女七草〉，正在準備春日七草粥。此為歌川豐國作品。

春遊娘七草
國貞改二代
豊國画
布吉

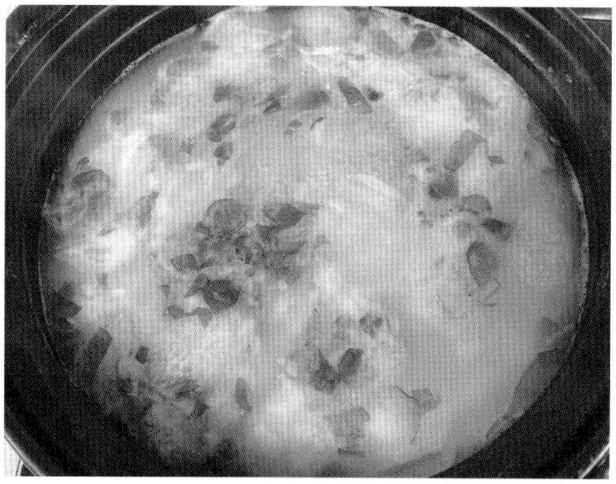

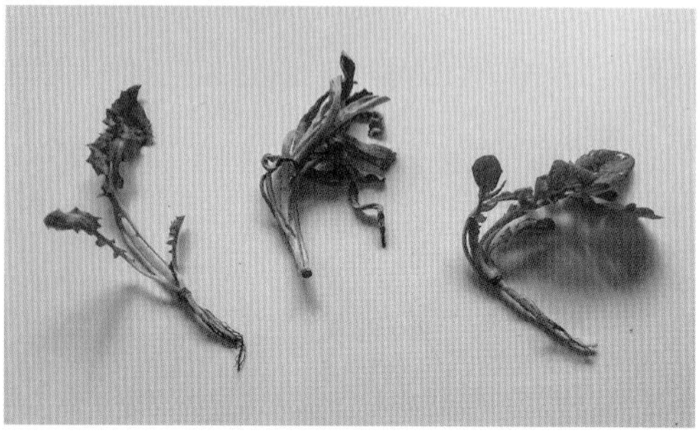

本頁圖片即日本盒裝七草的七種植物。煮粥還有一定儀式，前一天晚上七點，或當日早上六點開始，切菜時還要唸唸有詞。

白粥煮好後先將蕪菁及蘿蔔切薄片加入，略滾後，將其他切碎的五草拌入略煮，煮太久嫩芽就不嫩了。

陰曆正月初七經過貓空，路邊販售旁邊菜園現採的鮮蔬，有連著嫩葉的小白蘿蔔，不知名的香菜，沒有比這個更眞實正港的「春草」。

人日買下新蔬，決定煮一鍋七草粥應「時」，原先已有爲過年準備的薺菜與水芹，祕密武器是日本帶回來的「乾燥七草」袋。內含「芹、薺、鼠麴草、繁縷、佛之座、蕪菁及蘿蔔。」一袋內有兩包，每包爲三杯白粥之量。

先用一合米煮一砂鍋的白粥，切碎所有新鮮菜蔬，較粗硬的先下，細嫩的後加，拌煮略滾後加乾燥七草增添原味，因爲還有新蔬嫩芽的脆美，煮出滿滿的春天氣息。

上：陰曆正月初七所煮的七草粥。新鮮的芹、薺、蘿蔔，還有不知名的春日野菜。

左頁上：日本粉狀的春之七草料理包，直接加入白粥內，就是速成的七草粥。

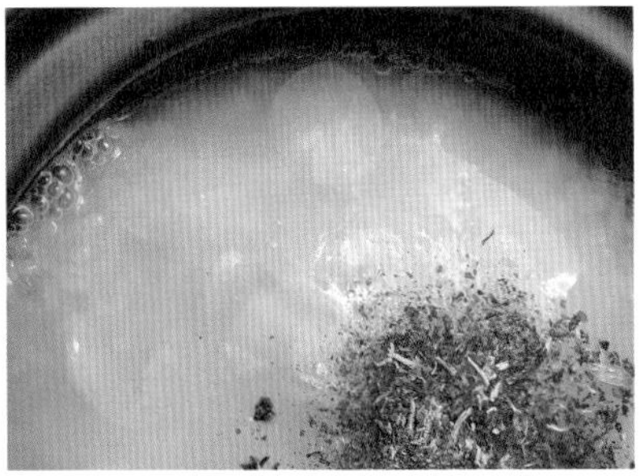

春の
七草

蓮粥

清乾隆年間人士曹廷棟自幼體弱多病，七十五歲時以其養生之道寫成《老老恆言》一書，他享八十七歲長壽。第五卷〈粥譜說〉記錄一百種粥，分成上、中、下三品，上品前三名均與蓮相關。

李時珍《本草綱目》描述：「蓮藕湖澤陂池皆有之。」花為蓮、莖為藕，葉為荷。夏季開花時「花心有黃鬚，蕊長寸余，鬚內卽蓮也。花褪蓮房成。」並說明：

「野生及紅花者，蓮多藕劣；種植及白花者，蓮少藕佳。」李時珍認為蓮藕生淤泥而不染、於水中而不沒「節節生莖、生葉、生花、生蕊、生蓮、生藕……展轉生生，造化不息。」多吃百病可卻，也可補心、腎，益精血。

六、七月時可採下嫩蓮蓬，取蓮子生食。秋天蓮蓬乾枯後，剝出的稱石蓮子，還要敲去外殼方可用。

蓮肉粥就是用蓮子煮粥，養神益脾固除百疾。用新鮮蓮子去皮心煮最佳，《老老恆言》建議乾蓮子難煮爛，可磨成粉加入粥中。

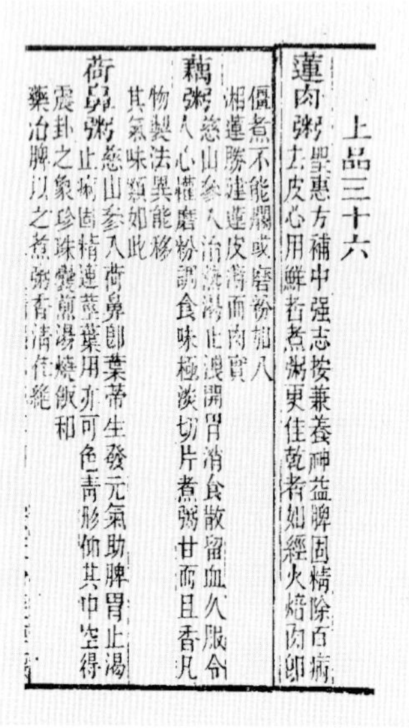
上品三十六
蓮肉粥 聖惠方補中強志按兼養神益脾固精除百病去皮心用鮮者煮粥更佳乾者如經火焙肉即僵煮不能爛或磨粉加入湘蓮勝建蓮皮薄而肉實
藕粥 慈山參入治熱渴止泄開胃消食散留血久服令人心懽磨粉調食味極淡切片煮粥甘而且香凡物製法異能移其氣味類如此
荷鼻粥 慈山參入荷鼻即葉蒂生發元氣助脾胃止渴止痢固精連莖葉用亦可色青形仰其中空得震卦之象珍珠囊煎湯燒飯和藥治脾以之煮粥香清佳絕

右上：《老老恆言》列有上品三十六種粥，三種與蓮相關的粥高居前三名。

左頁：白色蓮花可採藕為食。粉紅的蓮子佳美。

藕粥

藕粥以蓮藕切片煮粥，可治熱渴、止瀉、開胃消食，甘而且香。

潔白水嫩的藕片，煮成粥後呈現出一種淡雅的粉灰色，是《紅樓夢》曹雪芹筆下的藕合色。第三回「熙鳳命人送了一頂藕合色花帳」給黛玉，三十回寶玉穿「簇新藕合紗衫」，四十六回鴛鴦「半新藕合色綾襖，緞掐牙背心，下面水綠裙子」。

曹庭棟書中認爲，蓮藕磨粉調食味極淡，即坊間原已存有的藕粉不利煮粥，另以開水沖泡而食爲宜。

荷鼻即葉蒂，荷鼻粥是採新鮮的葉蒂來煮粥，書中形容香淸佳絕。煮荷鼻粥，莖葉也可一起用，有助脾胃、止渴等功能。

左頁上：煮成的藕粥。

左頁下：沖泡藕粉及乾藕粉，均呈現淡雅的藕合色。

胭脂米蓮子粥

金瑞

家中世交張裕屏先生多年前邀請餐敍，不知爲何伴手禮中有在座吳東亮先生贈送「台新契作」台灣米多種，其中有一包較少見的紅米，馬老師說：「這是《紅樓夢》中的胭脂米。」竟意外開啟我們「茶粥共修會」因緣。家裡正好有親戚每年都會寄上來白河農會的新鮮蓮子，放在凍櫃中隨時取出來都是鮮嫩可口。於是我們決定試煮胭脂米蓮子粥，想來會比書中賈母吃的紅稻米粥還要高檔。

紅米看起來像是粳米但較硬，一杯紅米要加一杯圓糯混合熬煮調整，兩種米都要先浸泡，大致一杯米用一公升水，煮粥多加一點水也無妨。粥煮好後加蓮子，一杯或兩杯看喜好，再滾就好了。

自此，每個星期一中午好友在我家廚房煮粥相會，成爲粥友。自家進口的新鮮干貝加入雞粥或各種粥中都美味，吃完烤鴨鴨架化身鴨粥，黑米跟龍眼非常相配、糙米用來煮古老的奈良茶粥也極優。

以茶會友、食粥養生，參考古籍及匯集各家，不知不覺研發許多粥品。疫情限制聚會人數，但未間斷。

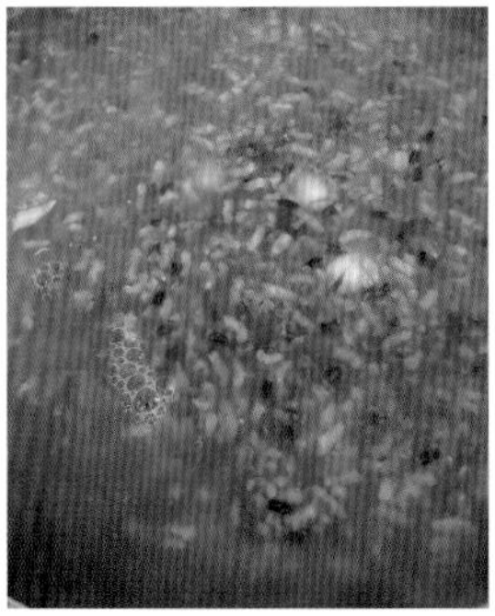

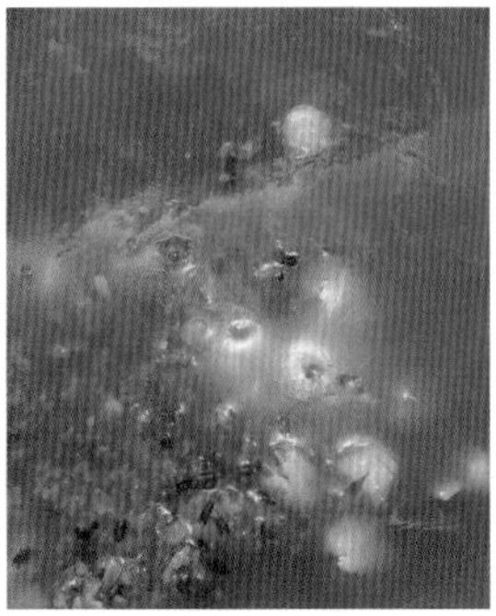

右頁：用白河新鮮蓮子煮粥，僅放紅米，粥湯色澤較紅。
上：加糯米的胭脂米蓮子粥，色澤與口感俱佳。

芋頭粥

芋頭歷史可遠溯到秦朝，據《史記・貨殖列傳》遷虜卓氏選蜀地時說：「吾聞汶山之下，沃野，下有蹲鴟，至死不饑。」蹲鴟卽芋頭。只要有芋頭可吃，就不會餓死。

《本草綱目》載：「芋粥：寬腸胃，令人不飢。」不論芋頭或番薯均生長迅速，確實在饑荒之年救人無數。

芋頭鬆軟綿密，香氣濃厚，有很多人喜歡。台灣以種植在大安溪黑砂土壤的大甲芋頭最有名。

芋頭的熱量小於米飯，但膳食纖維爲米飯的四倍，有「澱粉類中的蔬菜」之稱，符合養生概念。

煮芋頭粥可將米與芋頭同下鍋，滾後換小火到芋頭鬆軟。

芋頭煮鹹粥可加香菇、蝦米、肉絲等，要將芋頭切塊後先過油比較容易煮爛，其餘配料先炒過，加入浸過水的白米，一杯米配一公升水混合煮，滾後加入芋頭，再滾後換小火慢慢熬煮。起鍋前可加香菜或芹菜末混煮，起鍋後再自行添加亦可，提味不能少的是白胡椒。

上：《成形圖說》之芋頭圖。
左：煮粥以大甲芋最佳。

百歲老人種番薯

簡靜惠

年初收到讀書會會友劉敏的信：「我的父親於一月十四坐在客廳看電視當中，靜靜的離開了世間……お陰様で（託您的福）父親晚年無病無痛享年一百零二，圓滿福報。」

劉英輝先生（劉敏父）是我非常尊敬的長者。多年前年我們素直友會去埔里，一看劉敏「我的多桑日本兵」畫展，再是去探望劉伯伯。

那年老人家九十四歲還很硬朗，我們圍著劉伯伯話當年，他很開心地讀月曆上的日期，侃侃而談：

「一九四五年前後，我被日本徵召去南洋當兵，我帶著埔里的弟兄們一起在北回歸線座標前宣誓：我們要一起去，一起回來。」

果然劉伯伯把兄弟們帶去南洋，也全都帶回來了。一起去南洋的弟兄常在埔里鄉間劉家聚會，懷舊談往事。他們也會去日本的靖國神社祭拜。政治國情演變、中台關係的情結，不在他們的思考範圍。他說：「我們去看當年南洋戰場的弟兄，還有小隊長，他很照顧我們的。」

上：台灣田間、空地常見一畦畦的番薯田。

左：劉家番薯煮粥，未煮前是白色，煮熟後呈淡黃色。

劉伯伯從戰友的故鄉——日本九州帶回番薯種子，回到埔里與他兄弟一起種植。以他的後半生守護，巡田水，看著番薯在田地裡成長！

我常和劉家兄弟訂購番薯，分享台北親友，告訴他們這是「百歲老人種的番薯」；也常煮一鍋番薯粥犒賞自己，也分享親友！

吃番薯粥，是生活中的小甜蜜，不僅腸胃舒服，心情也愉快。

在台灣土地上孕育著來自日本的番薯，也蘊含著歷史的情感！

附記：我弟妹傳給我的地瓜稀飯做法

· 備料：生米一杯、番薯四條（黃色57）口感較好，另可放一條橘紅色番薯，顏色會較漂亮。

· 做法：生米洗淨用鍋加滿水，與切好大塊的番薯一起下鍋，等水滾轉中小火慢煮，要不停攪拌以免黏鍋底。

若想吃米粒較多的，可多放半杯生米較爲黏稠。

編按

· 日本番薯三分之一產自鹿兒島，大約有四十多種品種。紫皮白心的番薯應爲鹿兒島的「安納紅」。

左頁：白色番薯綿甜適合炸食，金黃色鬆軟，適合煮粥。

番薯屬旋花科，與山藥的薯蕷科，和芋頭的天南星科及馬鈴薯的茄科都不一樣。旋花科著名的植物是牽牛花，與左下圖所繪番薯花近似。

番薯原生地為中美洲及南美洲，約十四世紀由西班牙人帶到菲律賓，繼而傳到台、閩、琉球，經琉球到日本種子島試種成功，在鹿兒島推廣。劉家所種番薯來自鹿耳島。

成形圖説巻之二十
十三
水薑藷
Convolvulus Batatas L

柿餅粥

柿餅粥完全是計畫外的，冬日鼻子不通，看《老老恆言》上引《聖濟方選》柿餅粥可治，兼健脾澀腸、止血、止嗽，不免一試。太陽曬乾的稱白柿，炭火烘乾的是烏柿，想要療效好宜用白柿。如果柿餅生出白霜，有霜煮粥更佳。

正好有出霜的柿餅，切片後拌入煮好的白粥，不但好吃還真管用。

上：一六五六年耶穌會來華傳教士卜彌格《Flora Sinensis》的柿子樹插圖。

左頁：仿《老老恆言》實作柿餅粥，書中所引《聖濟方選》係王士雄成書於咸豐元年之中醫方書類文獻。

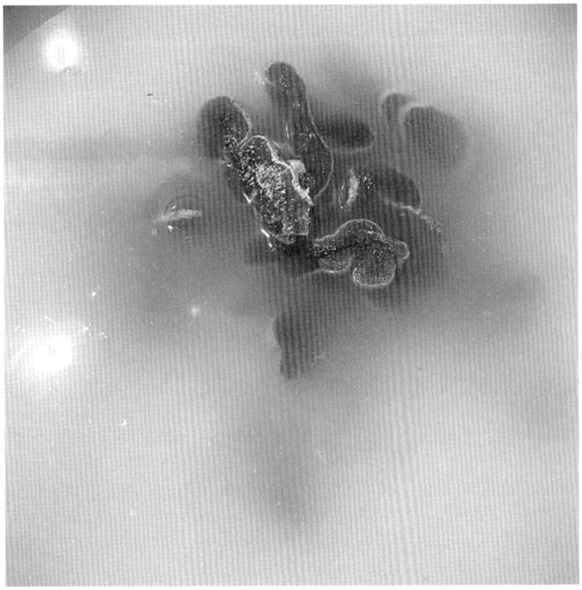

龍眼粥

初中時非常喜歡郭衣洞的小說，有一篇〈龍眼粥〉，故事主角每到月圓之夜，夢中便有龍眼粥飄香。

十多年前，黃一農老師請孫觀漢先生與柏楊二老友在清華吃飯，我正好那天有課也被請去相陪。故事背景是新竹，我就跟柏老說，您的小說每一篇都好看，而〈龍眼粥〉前世今生的召喚，更是印象深刻。

龍眼又稱桂圓，所謂新鮮水果爲龍眼、曬乾爲桂圓不全然正確，因成熟於桂樹飄香時，北方稱桂圓。

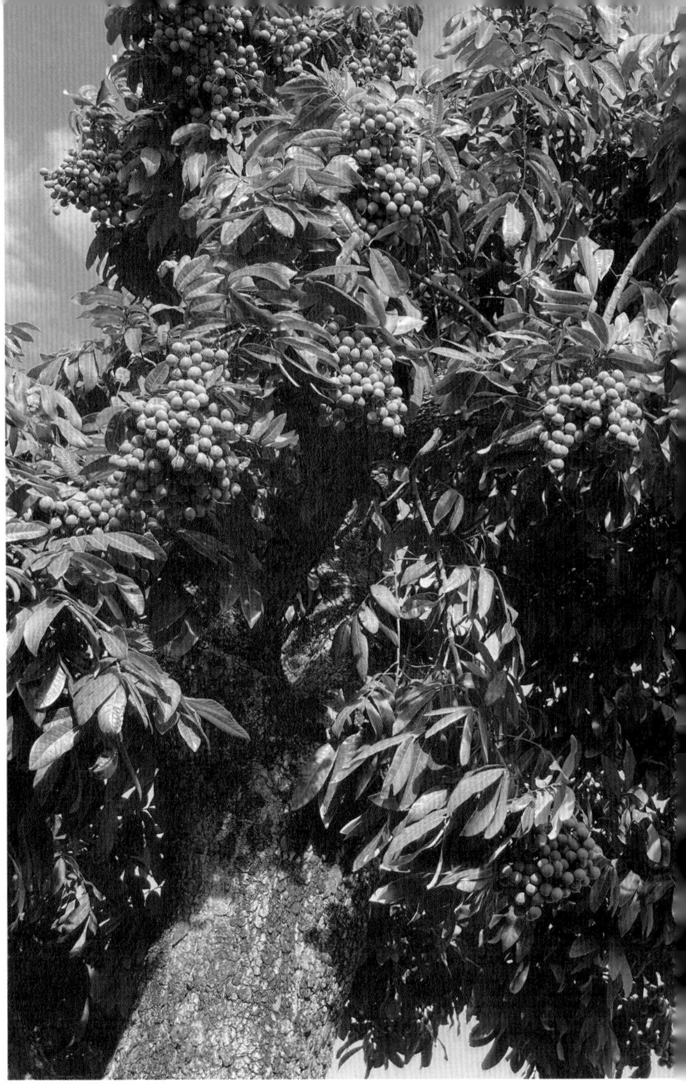

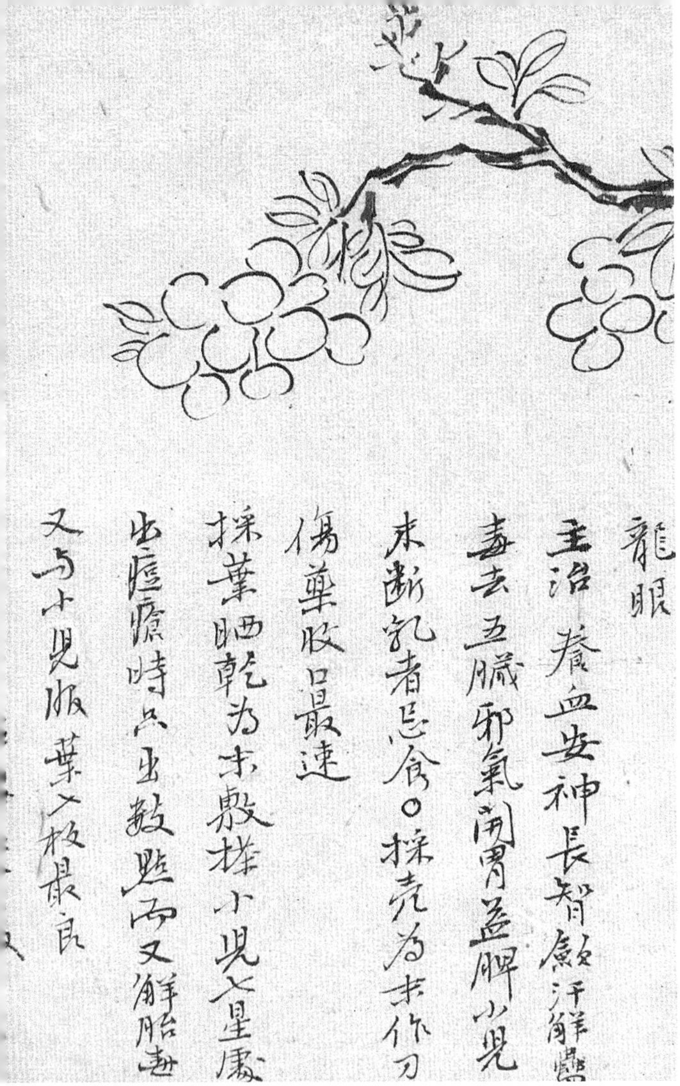
龍眼
主治　養血安神長智斂汗解蠱
毒去五臟邪氣開胃益脾小兒
未斷乳者忌食○採殼為末作刀
傷藥收口最速
採葉晒乾為末敷搽小兒七星瘡
出痘瘡時只出數點而又解胎毒
又與小兒服葉入枚最良

右上：陶藝家蘇保在工作坊的龍眼樹。

左上：明蘭茂《滇南本草》龍眼圖，朱景陽乾隆時繪成。

左下：紫米赤豆龍眼粥。

新鮮龍眼不易保存，用炭火慢焙成連殼的乾果後不但能保存，還有香甜的風味，煮龍眼粥即用乾果。

傳統煮龍眼粥用糯米，煮好還要加米酒，近年注重養生改用紫米。紫米即黑米，國際文獻以黑米概括兩者。因浸米後的水及米湯均呈紫色，紫米也比黑米聽起來浪漫。

紫米有糯及非糯兩種，煮粥以糯性爲佳，一樣需先浸米半天，煮滾後換小火繼續熬到米軟後，才將剝好的龍眼乾下鍋，略拌煮就要熄火，才吃得到龍眼乾炭焙的甜香。

我會加炒好的豆沙拌到粥內，增加口感及甜度，或直接將煮好的紅豆湯加入，成爲紫米赤豆龍眼粥。

好吃的祕訣是紅豆、紫米因熟軟需時不同，要分開煮，龍眼則不能煮太久，還要適量的砂糖提味。

左頁上：紫米赤豆龍眼粥料。

左頁右下：一八四四年《柯蒂斯植物學雜誌》（*Curtis's Botanical Magazine*）第七〇卷的龍眼插圖。

烏甜仔菜粥來了

吳璧人

曾聽北美原住民長老分享，他們辨識可食植物，是學習「野豬」擇食的偏好。他們對於藥用植物的了解，則透過對「鹿」的細心觀察。

「蔬菜」在遠古時期全是唾手可得的野菜，爲了方便採集，聰明的人類開始嘗試種植野菜，一些植物就此逐漸被馴化，成了我們現在仍繼續栽培的蔬菜。現在，除了原住民以及親近土地的人，普遍都失去對於「野菜」的辨識度。小時候在南部鄉下，課後天還沒黑，派小朋友出去拔野菜，這是一件生活裡極尋常的事情。

上：煮成的烏甜仔菜粥，及郊外野生龍葵已結滿黑色果子。

左頁：一四七九年僧侶維特・奧萊斯（Vitus Auslasser）手寫草藥書的龍葵圖，台灣原住民認為龍葵能解酒醉。

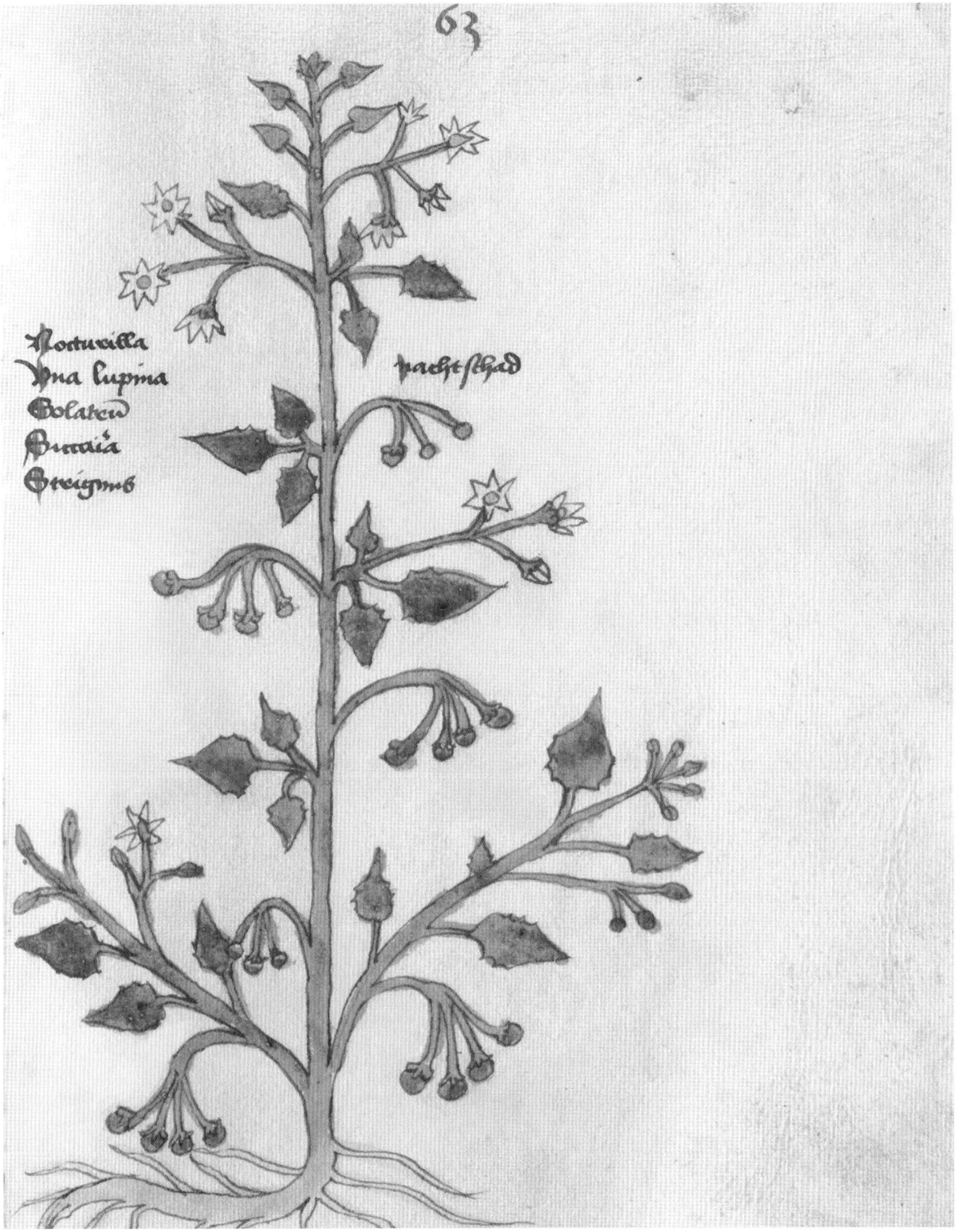
63
Vna lupina
nacht schad

有些野菜是給豬吃的，有些野菜是可加菜用。那時跟著同學屁顛屁顛去野地玩耍，也認識不少植物。

野地裡常見開著小白花的烏甜仔菜（龍葵），是老一輩人的食材，採摘頂部的幾片嫩葉，抄一盤菜，或用來煮鹹稀飯！

小時候常在同學家寫功課，吃著烏甜仔菜鹹稀飯，十分鮮美獨特，不知是否隔灶的飯香？

貪吃又好奇的小孩子，則等著採摘變黑的漿果來吃，酸酸甜甜味道很像小番茄，長大才知道小果子含龍葵鹼，具毒性不宜多吃。傻眼！

大嫂嫁進門後，我們經常可以吃到她煮的烏甜仔菜粥。長大後她教我們，先將碎肉、香菇、紅蔥頭爆香，加到稀飯裡一起熬，最後放入洗摘好的黑甜仔野菜，再悶煮一會兒，一道香噴噴的鹹粥就起鍋了！

至今，一旦回娘家，小姑子們仍會纏著大嫂，催討這道滿滿鄉土氣息的烏甜仔菜粥，來回味！

左：《古今圖書集成》上之龍葵圖。

左頁上：龍葵白色的花與尚未成熟的綠果。

左頁下：野生龍葵的新葉是煮粥好料，配肉末與多種菇類。

瓠瓜、絲瓜粥

黃虹霞

田園陌陌！五十多年前台北市敦化南、北路周邊的場景。

那是個日出而作、日入而息，全家總動員的時代。農務要遵循歲時，不論日頭多大，還是颳風下大雨，插秧、除草，收割時節男人、大男孩們天剛剛亮，上午六點多已經在田裡工作，中午略作休息，太陽快下山時收工。女士、大女孩們也不得閒，粗重農務負荷下，早、中、晚三餐是不夠的，上午十點及下午三點左右要各加一餐輕食，通常是物盡其用，早上、中午多煮點飯，利用剩飯加水煮粥，再加些自家菜園的當令蔬果，瓠瓜（匏仔）及絲瓜（菜瓜）是其中最尋常合宜的。

回憶是甜蜜的！失去的更倍覺美好！當年裹腹的粗食，也可以是今天的輕食美味，因爲在地新鮮。新鮮自是美味！

四人份做法

- 材料：瓠瓜一顆（或菜瓜兩條或竹筍……）切絲、肉絲半斤、蝦米或蝦皮適量、一杯米量的飯、高湯及水共約一公升半、鹽少許。
- 高湯及水煮沸後加瓠瓜絲、米飯及蝦米煮至熟軟，再加肉絲及鹽，再煮沸滾即可簡單清爽輕鬆上桌。

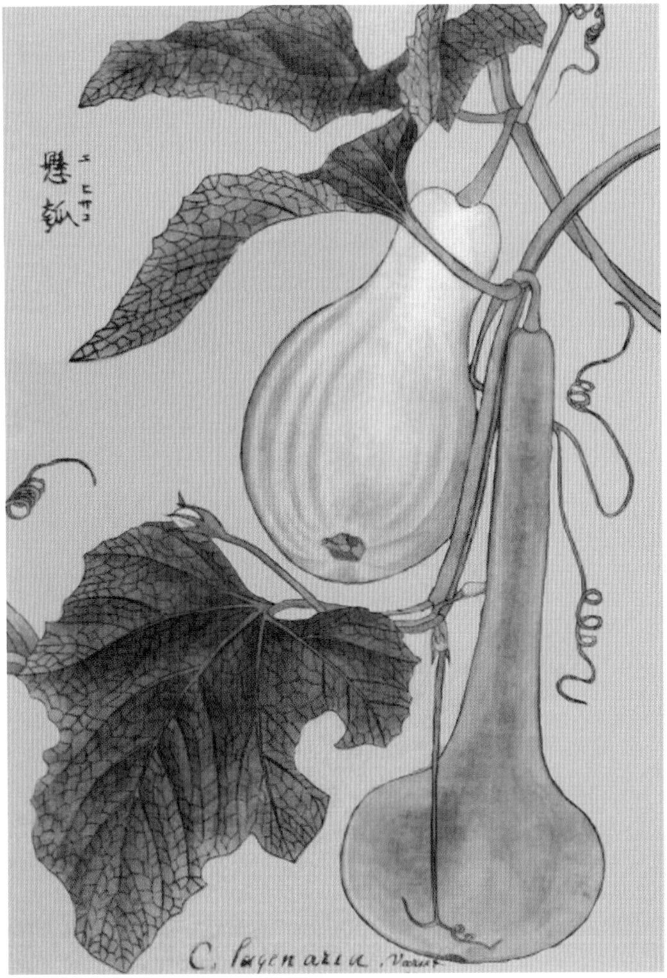

附記

「種匏仔生菜瓜」？這是好玩的歇後台語。

匏仔、菜瓜曬乾了，前者變身爲吉祥葫蘆，對切後也可以是水瓢；後者是刷鍋的天然菜瓜布。那物盡其用的環保年代，有趣？想念唷！

右頁：完成的瓠瓜粥，材料除瓠瓜、白米外，還有肉絲、蝦米及蒜。

上：日本《成形圖說》上之瓠瓜繪圖。

兒時記憶中的那碗「白」粥

蒙維愛

溫州街午後陽光，優雅的瓷器，一碗白色糯糯微甜的粥……這是在長輩家吃的點心，我童年的記憶。

長輩是外公的堂姊，十分寵我。在我剛上小學不久就去世了，長大後我才知道她是大名鼎鼎的蔣碧微女士。可惜她家那碗點心再也沒法吃到，我只記得白色、豆漿及有蓮子與百合脆脆的口感。

這幾年每星期一中午固定有個粥會，我一直想復刻姑婆家的粥與粥友們分享，只是不太記得內容，直到看到美食家王瑞瑤的六白粥。

右：一碗樸素淡雅、層次豐富的白粥。

左頁：六種白粥材料：小薏仁、蓮子、山藥、百合、糯米和豆漿都是白色。

王女士所有食材都用白色：小薏仁、山藥、百合、蓮子、糯米及豆漿或牛奶；與我記憶有幾分契合，決定先在家做看看，一試之下不正是童年熟悉的味道啊！太感動了。

爲什麼這麼執著於白色？美食家說是「想把白的感覺無限延伸」，雖然只是粥，也可以同時兼顧有料又風雅的質感。就像姑婆的白粥，大約是她絢爛人生，即使在晚年的平淡中，仍有複雜的層次吧！

在家開心地準備食材，我用糯米及白米各半，配上泡發的白木耳、百合、白薏仁、日本山藥、新鮮白河蓮子，用白豆漿無糖燉煮。

成品十分清雅，有淡淡的香氣，所有食材的屬性，清心養神外也養胃。端上桌咕嘟嘟冒泡的瞬間，人間的煙火香撲鼻而來。

雖似我兒時記憶中的味道，但此粥經美食家王瑞瑤加持，已極致講究；無論甜淡，我們都可細細品味箇中滋味的美好。

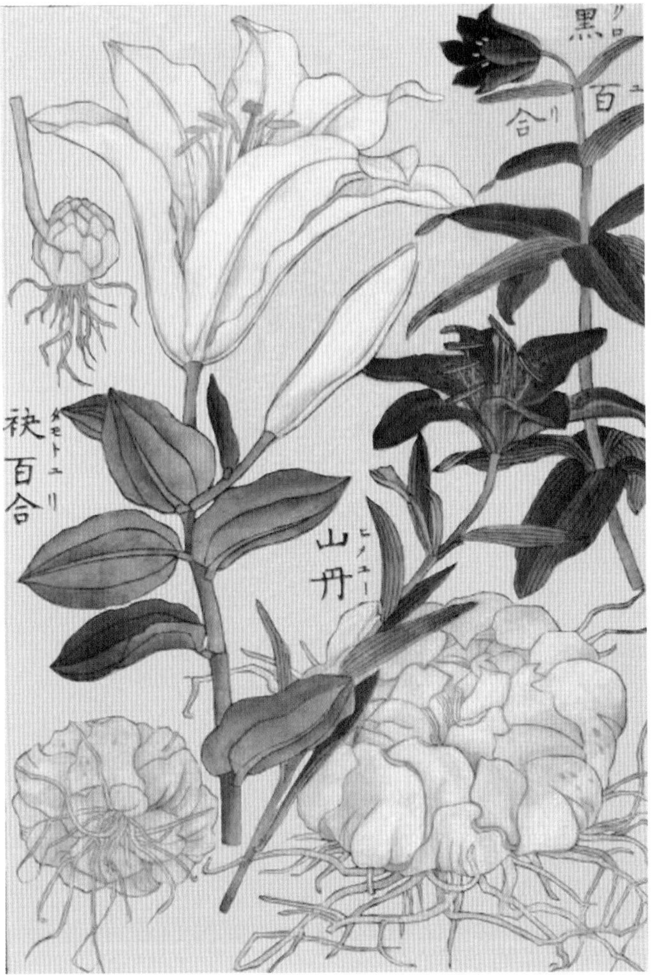

右上：未切丁前的山藥。
右下：新鮮百合的塊根。
左：日本《成形圖說》上各色百合花，均有塊根。

鮑、參、翅、肚

清代起「鮑、參、翅、肚」就列入八珍，其餘四種是燕窩、鰣魚、干貝及甲魚裙邊。烹煮這些珍貴的頂級食材有一定難度。鮑參翅肚都是乾貨，需繁瑣的泡發手續才能使用，若沒有這手功夫稱不上達人。

乾貨都要先用清水清洗乾淨，然後再用冷水浸泡，天熱時要勤於換水，也有主張放入冰箱冰發效果更佳，但必須密封，以免與冰箱氣味相互影響。泡發的共同注意點是所有器皿都必須乾淨無油，否則會莫名其妙地失敗，海參還會溶解。

鮑、參、翅、肚需要浸泡的時間不同，處裡上比較簡單的是肚、其次是參，最複雜是鮑。

左頁：乾鮑魚、海參、魚翅及各種不同類型的花膠。

泡軟後就要「煮發」了，一般可用蔥薑水滾煮，翅肚大多用蒸的，怕膠質流失，蒸籠水內放薑片。

鮑、參大致需滾煮三次，每次滾煮不能太久，五、六分鐘後熄火。共同的注意點是必須要等到水自然冷卻後才取出清洗，並清理雜質，如鮑魚的牙及海參的腸。放入冰箱繼續泡更佳，如此反覆直到完美。

海參屬於棘皮動物門，同門生物海有海星與海膽。海參生長在朝鮮半島與日本海的低溫海底，日本七一二年《古事記》一書卽有記載稱海鼠。江戶時期其內臟海鼠腸與海膽及烏魚子是「三大珍味」。

後因人參更珍稀，海鼠稱海參，參、鮑、翅都是日本很早就輸出的昂貴食材。爲便於保存這三種食材均經過乾燥，煮前考驗發泡功力。

魚翅撈飯

近十年來歐美國家都禁售魚翅，美夏威夷州最早立法也最嚴格，禁止餐廳出售及民衆買賣，違者罰五千至一萬五美金，三犯判監一年。

七〇年代初香港股市狂飆時，股民們日日有斬獲，反映在飲食消費的闊綽，當時流行用「魚翅撈飯」來形容這種「食得富貴」。

魚翅取自鯊魚鰭，明代列入八珍之一，其餘都是現今不推薦的保育類動物。清代鮑參翅肚均爲八珍。

魚翅的營養價值並不高，其蛋白質屬於不完全蛋白質，人體不易吸收。魚翅的美味是來自雞、火腿、干貝、瘦肉等燉煨熬出的高湯。

魚翅撈飯，卽是以魚翅拌飯，隨著經濟波動，浮華好景並不久長。

花膠瑤柱海鮮粥

「肚」又稱「花膠」，由大型海魚的魚鰾曬乾製成，越大越厚越貴，其中極品爲黃魚肚。

花膠一般是煲湯用，增加湯頭的稠度及膠原蛋白養分，是極名貴的餐點，替代禁食魚翅後的首選。

廣東人做粥，以花膠瑤柱海鮮粥最著名，煮粥用一般筒膠卽可，也可添加些較厚的其他花膠。筒膠較小，水滾後下鍋，再滾熄火，冷卻後洗淨泡水放冰箱，約一晚變得較大厚軟就完成了。

廣東粥大多爲現煮，四、五條筒膠配四、五粒瑤柱（卽干貝），因爲也是乾貨，要先浸在料酒中蒸軟，撕成細條才能使用。

海鮮則可隨喜好備料，像蝦、花枝、蛤蜊洗淨後用薑酒略拌。花膠切絲與干貝絲及米一起同煮，一合米配一公升水，滾後換極小火熬。粥與料充分融溶後放下海鮮略滾。

煮粥時寬水，下海鮮料時也要水分充分，依個人喜好可加芹菜末、榨菜丁、白胡椒及鹽調味。

右：花膠瑤柱海鮮粥。

左頁上：泡發完成的花膠與干貝晶瑩剔透。

左頁下：各色生料海鮮可隨個人喜好增減。

花膠糙米雞粥

十多年前在明水路「三九七」吃到好吃的糙米雞。端上桌的砂鍋中整隻雞浸在糙米粥中，粥已熬到水米難分，比單純的雞湯好喝健康。

近來有幾家米其林星級餐廳，也推出以糙米雞粥為底，熬粥是明火慢燉完全不見米粒，功夫了得，或加新鮮鮑魚薄片，或加厚片花膠，是取代魚翅的宴席湯品，甚是美味。

花膠的種類極多，價格跟魚的種類及膠的大小厚薄都有關，小片的白花膠一樣是膠原蛋白，價格親民很多，且泡發容易。

約一兩白花膠洗淨後浸水隔夜，花膠片泡軟即可，將水煮滾後投入花膠，俟再滾五分鐘內即熄火，放到水自然冷，取出洗淨後再浸水放入冰箱冷藏，每日換水約三天已非常柔軟可用，此時由透明變白、變厚，重量約增加一倍。將花膠加入煮好的糙米雞粥內，即完成。

左頁上：花膠糙米雞粥。

左頁下列：小白花膠泡發過程，從透明到厚白即完成。

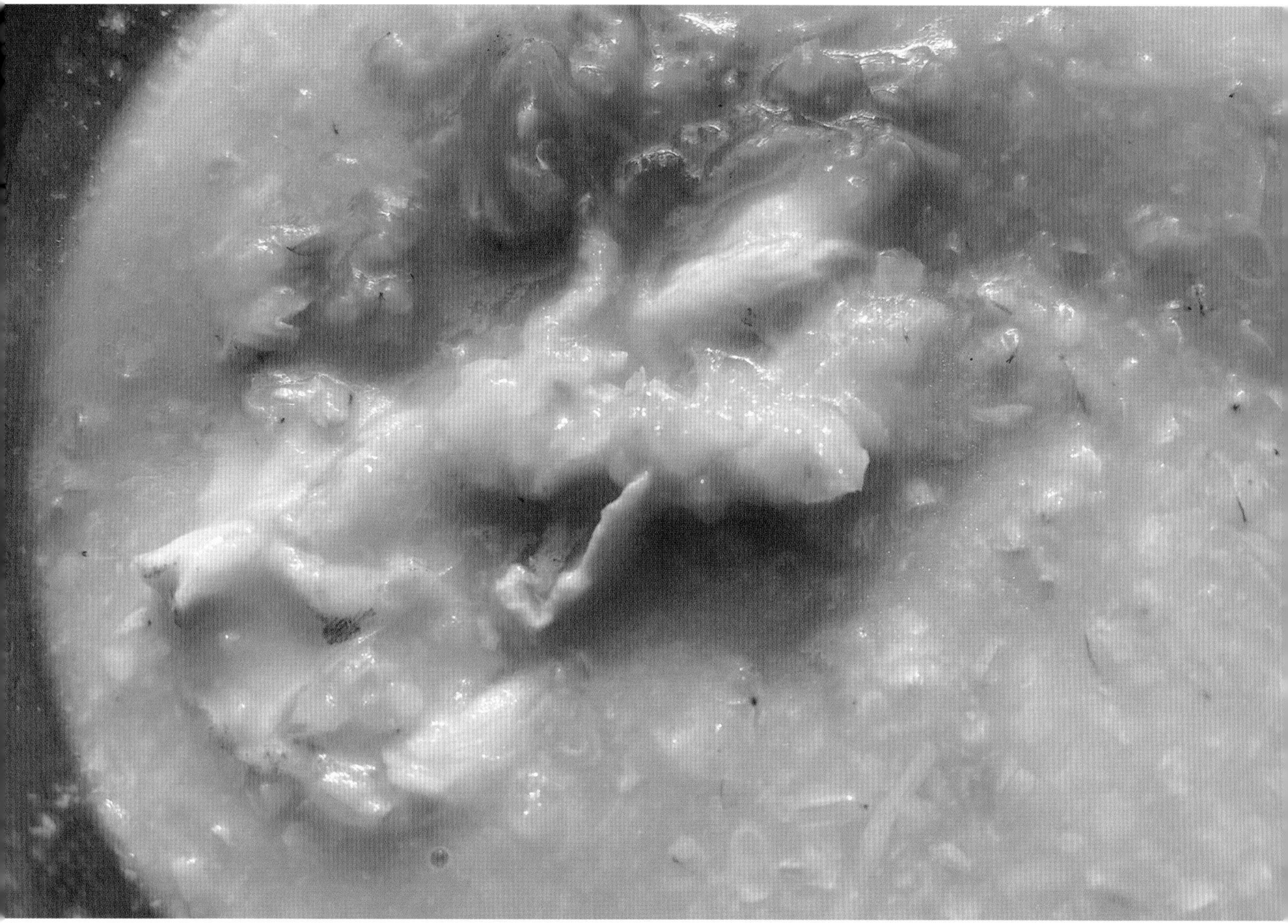

鮑魚粥

鮑魚古代稱「鰒」，《漢書》：「王莽事將敗，悉不下飯，唯飲酒，啖鰒魚。」曹植曾向臧霸要鰒魚二百，以祭祀他父親，曹操也喜歡鮑魚。因鮑魚生長在低溫海岸，宋朝時即自日本輸入，稱「倭螺」。蘇東坡有〈鰒魚行〉詩：「東隨海舶號倭螺，異方珍寶來更多。」

鮑魚價格與產地、大小都有關，日本、墨西哥都是昂貴鮑魚產地。其一斤有幾隻就算幾個「頭」，頭越少越貴，三頭鮑已幾乎絕跡，牌價約台幣十五萬以上一個。

墨西哥罐裝鮑魚也算極品，一罐裝一個半的超過五千台幣，用來煮鮑魚粥是非常奢侈的一鍋粥。

一整罐鮑魚先切絲，再加點雞肉細絲，亦有增加美味的功能。將罐頭鮑魚湯汁與細嫩薑絲煮滾，若太淡可略加鹽調整，加入熬好的白粥，最後加鮑魚與雞絲拌勻起鍋。

右頁：用墨西哥罐頭鮑魚及雞絲煮成的鮑魚粥。

上：紐約大都會博物館藏，歌川國貞一八三二年所繪〈勢洲鰒取圖〉。

廣東粥不同於其他粥，會先煮一大鍋白粥，然後按粥的內容如及第粥或魚生粥等，一碗一碗下料。

香港粥品以上世紀四〇年代成立的何洪記爲最，一九九六年以其招牌雲吞麵爲名開的粥麵店「正斗」得到米其林一星。

「正斗」有一碗鮑魚粥的價格驚人，要港幣五百九十八元，內有六兩墨西哥野生鮑魚。

我認爲最好吃的是店內最便宜的及第粥，粥內豬肝、豬肚、生腸都是滾粥內下生料熬成。粥名一說係南海人倫文敍愛吃雜底粥，明弘治十二年他高中狀元後，爲好兆頭，易名「及第粥」。

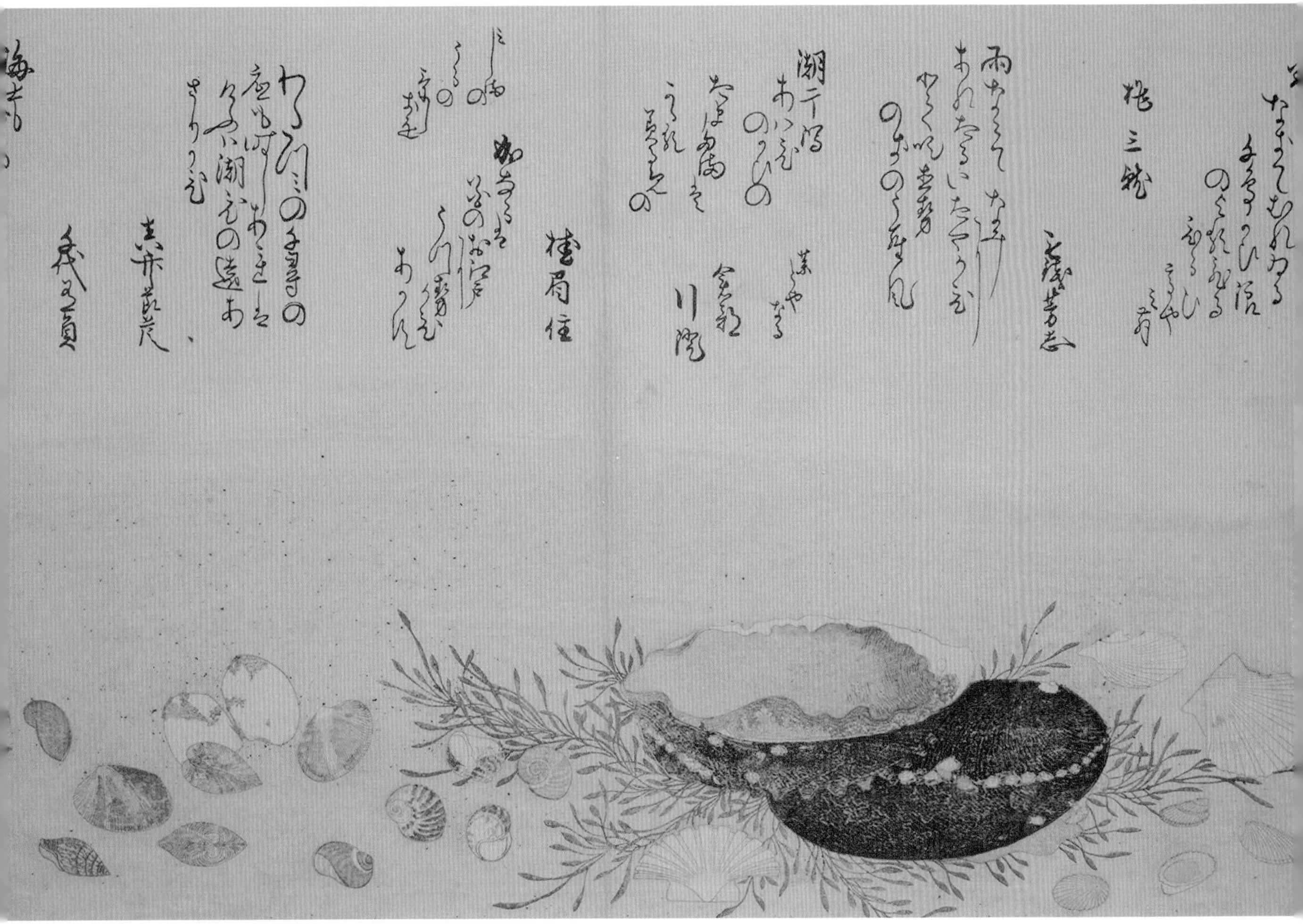

右頁：香港米其林星級粥店，廚房中一碗碗熬粥，及其招牌鮑魚雞球粥。

上：紐約大都會博物館藏，喜多川歌麿繪〈鮑魚圖〉。

雙鮑粥

一九九六年農試所彭金騰培育側耳屬菇類新品種，因其白色肉質厚菌柄，質地及口感均類似鮑魚，申請專利命名爲杏鮑菇。

新鮮的小鮑魚價格也沒有乾鮑那麼昂貴，將其與杏鮑菇兩種親民又美味食材組成雙鮑粥，豈不是與雙燕粥一樣是「巧粥名」。

先將新鮮鮑魚洗淨，用葱薑水略汆燙撈起，杏鮑菇切薄片，用糖、酒及醬料略炒，加嫩薑絲及白水滾煮（也可用高湯），煮好的白粥加入，煮滾後再加鮑魚略滾即可。

杏鮑菇可多熬煮，湯汁會鮮美，也不影響口感。但新鮮鮑魚只可略煮，以維持其鮮甜嫩脆。

左頁：完成的雙鮑粥，食材有杏鮑菇及鮑魚，稱作雙鮑。

南瓜小米海參粥

蘇怡

五台山朝台後，爲趙州橋我們去石家莊。晚餐是自助餐，卻有一個小碗是按人頭發到每桌上，極平常的南瓜小米粥，加了一小片海參變得金貴，北方人原來這樣吃海參。

我非常愛吃南瓜，覺得怎麼做都好吃，決定試做南瓜小米海參粥。第一步工作當然是發海參，需要一週時間才能發好，切成薄片備用，自己吃當然海參可多放幾片。

南瓜營養豐富，傳統的南瓜金黃色又稱金瓜。另有綠皮的稱日本栗子南瓜，味道更甜、更鬆軟適用。

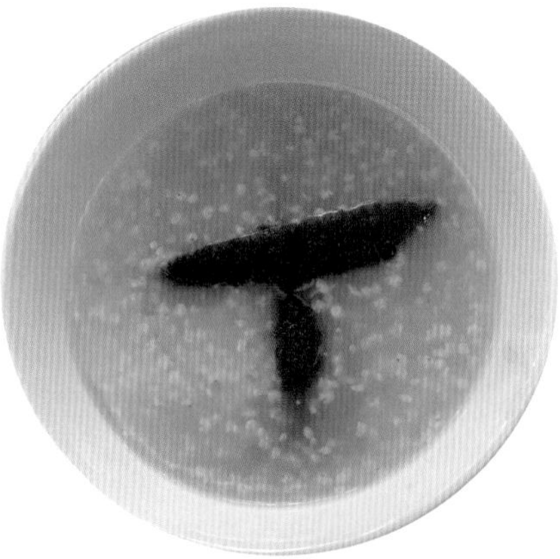

右頁：南瓜小米海參粥。
上：海參及南瓜濃湯。
左：南瓜與京都金網名家的金編籃中。

煮南瓜小米粥。小米需洗淨並略浸泡，煮滾後加上切成小塊的南瓜，不需煮太久就可軟爛。

爲了增加色彩及美味，還可加添紅棗跟枸杞。紅棗需先泡軟，枸杞則略洗一下就可以，煮時先放紅棗，起鍋前才加枸杞，這三種材料都有天然的甜味，就不必再加糖。

先盛出南瓜小米粥，上面加上切片的海參，復刻了石家莊的回憶。加了紅棗枸杞的粥，已經夠花團錦簇的，就不再加海參。

粥友們都認爲這碗粥跟我的衣著很像，人生是可以多彩多姿的。

上：阿道夫・米洛（Adolphe Millot）所繪〈自然繪圖〉中的南瓜。

左頁上：材料有栗子南瓜、小米、紅棗、枸杞及海參。

左頁下：烹煮完成的南瓜小米紅棗枸杞粥。

廣安宮前的虱目魚粥

記憶中最難忘的一碗虱目魚粥，是一九七八年夏的一個清晨，《漢聲雜誌》的姚孟嘉帶我跟蔣勳走入赤崁樓附近一間廟宇的中庭，抱軒下停一粥攤，四周廊下都放滿桌椅，不到七點這裡已是人聲沸騰。

找了空隙坐下，湯鍋白煙嬝嬝，老闆伙計都忙著在邊上整理剛送來的虱目魚，快到七點時一大綑剛炸好的油條送來，老客人們熟練地自行取用，七點整一碗碗熱騰騰的虱目魚肚粥送到面前，美味無比。

虱目魚雖美味，但魚體有二百二十二根魚刺，記得我就卡了一根，到嘉義找了耳鼻喉科醫生才夾出。

後來我才知道這廟叫廣安宮，傳說原在寧靖王府側稱「王宮」，可考資料則是創建於雍正元年。

嘉慶年間這一帶稱米街，廟前石精臼賣著各種小吃，虱目魚粥攤設立於一九四六年，賣泉州式的半粥，用乾飯加高湯再煮成類粥的泡飯。

右：廣安宮前門一九三三年。
左頁：虱目魚粥搭配油條。

一九九八年廣安宮要整修，粥攤被請出廟埕，其後二十餘年整修無進度，粥攤搬到公園路以「石精臼廟口阿憨鹹粥」繼續營運，仍以虱目魚粥爲主打。後來去台南時也吃過兩、三次，當然還是很好吃，卻沒有坐在廟宇中庭吃的那種風情。

虱目魚原生於熱帶海域，可能是四百多年前荷蘭人自印尼引入養殖，爾後一直是南台灣美食及重要產業，如今很多養殖池已改種電。

試煮記憶中那碗虱目魚粥，準備了一片去骨的魚肚，自家做沒有虱目魚魚骨，就用一般魚骨加虱目魚丸熬。做泉州式的要用乾飯，配料薑絲、油葱、芹菜末及白胡椒外，當然不能少的是油條。

先將魚肚洗淨放入葱薑水中汆燙半熟，撈起備用，高湯煮滾後加入乾飯拌開，要米粒分明湯澄清，所以不能多煮，放入魚肚俟滾後就熄火，起鍋後加油葱、芹菜末及白胡椒。

左頁：虱目魚養殖池，台南過去隨處可見。

我家的虱目魚粥

湯月碧

我從小在台南生活，最好吃的虱目魚粥當然是我媽媽煮的，記得我還住在台大宿舍時，有日早上，親戚寄來新鮮的虱目魚，媽媽正在烹調，鄰居李鴻禧教授過來感謝我替他治療鼻子，果然聞到香味，吃了一碗後，大讚是他吃過最美味的虱目魚粥。

我家祖先來自泉州，媽媽的虱目魚粥是泉州式的泡飯。虱目魚只取魚肚，祕方是用新鮮海瓜子熬煮的高湯，只取湯汁。

另一特色是不用芹菜，用新鮮的韭菜花丁，油葱改為自製的蒜酥。

先將高湯煮滾，然後加入虱目魚肚，有時還會加蚵或蛤。調好味後加飯、蒜酥、韭菜花丁，最後撒上白胡椒及香菜就好了。

編按

湯月碧醫師以正港台南虱目魚粥來挑戰（PK）。

粗飽細味
鹿港蚵粥

心岱

鹿港是海產寶庫，其中「蚵仔」料理要數普羅小吃第一名。在煎煮炒炸之中，有一款「蚵粥」看似平凡無華，做法簡約得令人吃驚。然而如果掌廚得法，當粥入口、咀嚼之時，卻能品嚐出瞬間的璀燦，享受到味覺高峰。

這個究竟，主要來自蚵園的養殖方式，與潮汐漲退的地勢環境，鹿港蚵仔半天浸泡在海中攝食，半天暴露在空氣中，生長緩慢，肉質結實有嚼勁，且大小適中，又稱「珍珠蚵」。不像其他地方採用棚架垂掛式，蚵整天都在水中攝食，體型

左及左頁：完成的鹿港蚵粥，與攝影家陳文發所拍攝彰化潮汐灘地養蚵的景象。

肥大，但肌肉相對小。

口感殊異的鹿港蚵仔，以夏天最爲當令，營養鮮美的蚵仔，在調製粥品時，各家有各自搭配的食材，我家所準備的，則是最單純的三樣：高湯、米飯與芹菜珠。

準備高湯一鍋，放入米飯待滾，蚵仔清洗瀝乾，在篩盤撒上薄薄的地瓜粉，然後倒入沸騰鍋中，起鍋前加上芹菜珠。

從鍋子大小，水溫、火候，乃至淘米、煮飯，以及芹菜珠的刀工。沒有繁複的講究，但時間就是這簡約到極致的過程，從吃粗飽到品細味的追求。

朝粥體驗

日本近年開始流行「朝粥」，粥友們計畫旅遊開放後要一起去「體驗朝粥」。最嚮往的理想場域，當然是京都米其林三星的瓢亭。

瓢亭原是南禪寺入口處的「腰掛茶屋」，即參拜者等待休息之處，已有四百多年的歷史，有名的點心是半熟蛋「瓢亭玉子」。

瓢亭一八三七年之後改爲懷石料理料亭，即使是朝粥一人份也要日幣六千円，雖非常昂貴，但兩個月前訂，仍是訂不到。

最後預約離京都車站不遠，西、東本願寺間的西洞院 TOU 酒店，會選擇全然是方便與意外，官網宣傳飯店設計「通過光影來感受京都的侘寂之美」也是回台後才看到。

這份粥是以全黑色陶器裝盛，菜式與飯店提供的和式早餐差不多，只是飯換成粥。這家店雖設計全然是西洋極簡的現代建築，用的杯盤器皿也現代，但食材用料選擇非常用心，處處展現京都人傳統日常生活獨特細微氛圍。

左頁上：粥友們一同在京都體驗朝粥。

左頁下：全部黑色器皿的一份朝粥，呈現侘寂之美。

"kyo-gayu"
Soft and gentle "Kyoto porridge" by Hachidaime Gihe-e with seasonal pickles.

米用的是「八代目儀兵衛」專門煮粥的米，老米店年輕一代推出十二種米用十二種不同顏色京都風呂敷包的禮盒稱「偲滿」，其杏黃色的「粥」專門煮粥，粉紫色的「鮨」爲握壽司專用。

配菜西京燒鯖魚是用一八四七年創立「御幸町關東屋」的京味噌，鹽用丹後「琴引の塩」，醬菜中「すぐき酸莖」原料蕪菁只在京都上賀茂、西賀茂一帶種植，是過去僅供皇宮食用的「御所菜」；赤紫蘇漬胡瓜源自建禮門院隱居大原所賜名之「柴漬け」。

食物原料各有來頭，此次體驗絕不輸瓢亭。

上：以八代目儀兵衛的粥米所煮的白粥。

下：京味噌的西京燒鯖魚。

左頁：《本草圖譜》蕪菁圖中最接近すぐき酸莖的。

侘寂

書以茶始，亦以茶終。

京都往奈良近鐵特急車廂內，滿滿一車老外，下車後沒意外地他們全往東大寺奔去。不同方向是條幾乎沒有一絲古意的街道，走著走著就見路口有一石碑，一面刻了「茶道發祥地」，另面是「茶禮祖村田珠光舊跡稱名寺」。週日的稱名寺，正門圍著防鹿欄柵，推開邊門全寺竟空無一人，寂靜到令人害怕。進門左側深鎖的獨立院落，是一八一八年重建的茶室「獨盧庵」，以樹為籬的隙縫中可一窺外觀。

一四三三年（明宣德八年）十一歲的珠光在稱名寺出家，二十歲時離寺到京都，一說他曾隨將軍足利義政茶師能阿彌學茶。將軍家傳承的書院茶繁文縟節並崇尚唐物，特別是宋代茶碗，當時貴到「一碗可換一城」。茶杓用象牙、牛角等昂貴質材精製，非常人能及。

奈良稱名寺假日大門、大殿均深鎖，空無一人。

珠光曾對義政說：「一味清靜，法喜禪悅……內蓄和德。交接相見處，謹兮敬兮，清兮寂兮，及至天下太平。」也許有感於書院茶會的貴族氛圍、精緻茶器不接地氣，而倡導「謹敬清寂」的侘茶。

應仁之亂（一四六七—一四七七）時，他又回到了奈良。

離開京都後的珠光有很大改變，相對於書院茶，他的茶算是草庵茶，一說因他向一休大師學禪時，曾被師傅突然棒碎名貴茶器，覺悟到不再執著於物質的牽絆。（日本亦有完全否認珠光的門派，認爲此事爲杜撰。）

稱名寺中有竹，稱是珠光手植，他用這種奈良竹自製茶杓，形式跟他用象牙做的茶杓極類似。茶碗則用一般青瓷，非常樸素。國立東京博物館藏有此象牙茶杓及號稱的珠光茶碗。

他的茶具如煮水陶風爐釜，蓋是破的，壺和碗有些都是修補過的。

有一說他這樣做是爲倡導「和漢無境」，消弭一般人跨不過中國名品的鴻溝，經他推薦的本地茶器如樂燒，目前也都價值連城。

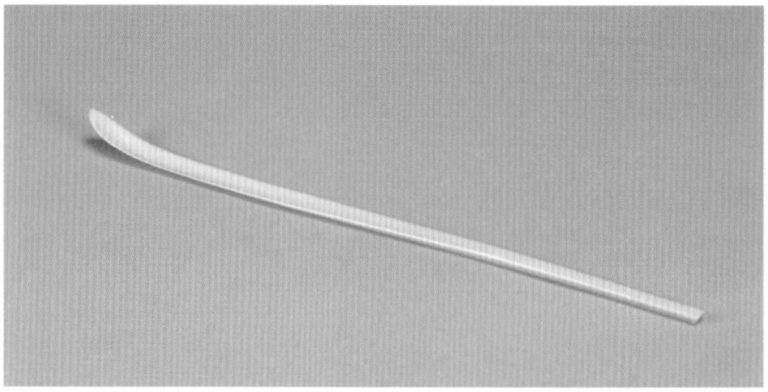

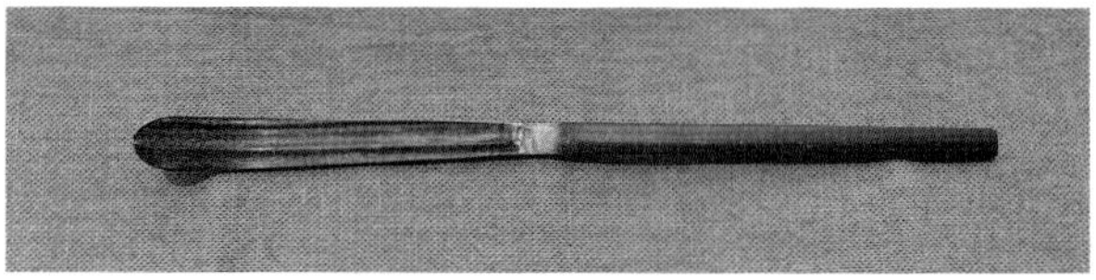

右上：傳說由村田珠光所做的象牙茶杓，東京國立博物館藏（出處：ColBase）。

右下：奈良「茶論」之仿珠光竹茶杓。

左頁：珠光青瓷茶碗，南宋，東京國立博物館藏（出處：ColBase）。

侘茶的精神中包括簡單與不完美，或因他見過義政的「馬蝗絆」。此爲宋龍泉窯青瓷茶碗，破損後送回中國比照另購同款，明代已燒不出宋瓷，工匠僅以數個鋦釘沿著裂縫痕釘補加固，如螞蝗吸附而得暱稱，這樣的缺陷美竟然受到茶道界極致推崇。

日本古有修補陶器的技術，室町時期發展出「金継ぎ」又稱金繕，是將破損的陶瓷以漆接著，再塡上金粉（或銀、黑或白粉），日本有蚊足、無衣、百川三個門派，也有奉珠光爲祖師者。

珠光用的修補過茶碗是「鋦釘」或金繕，現在已不得而知。此種理念是將修補視爲物件的一部分，而非掩蓋。不論以金繕或鋦釘修補，都能呈現出幾乎超越完整品的美。不活到一個年歲，是無法明白創傷與挫折，原來是生命的一部分，經歷過才能體會出是這種侘寂之美，是超越無痕的完美。

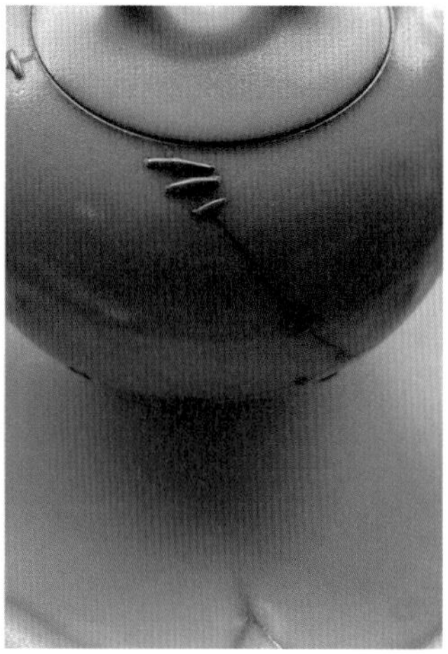

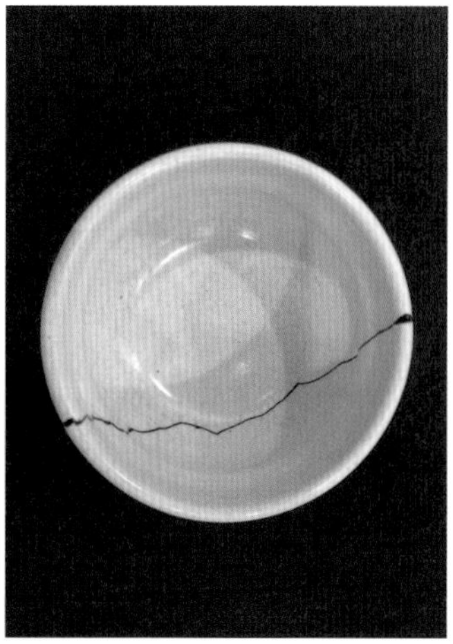

右：用銀釘鋦釘之蘇保在瓷壺及林靜雯用黑漆金繕之茶杯。

左頁：馬蝗絆，南宋青瓷輪花茶碗，東京國立博物館藏（出處：ColBase）。

日本茶碗被指定為重要文化財共四十七個，此為唯一破碗。

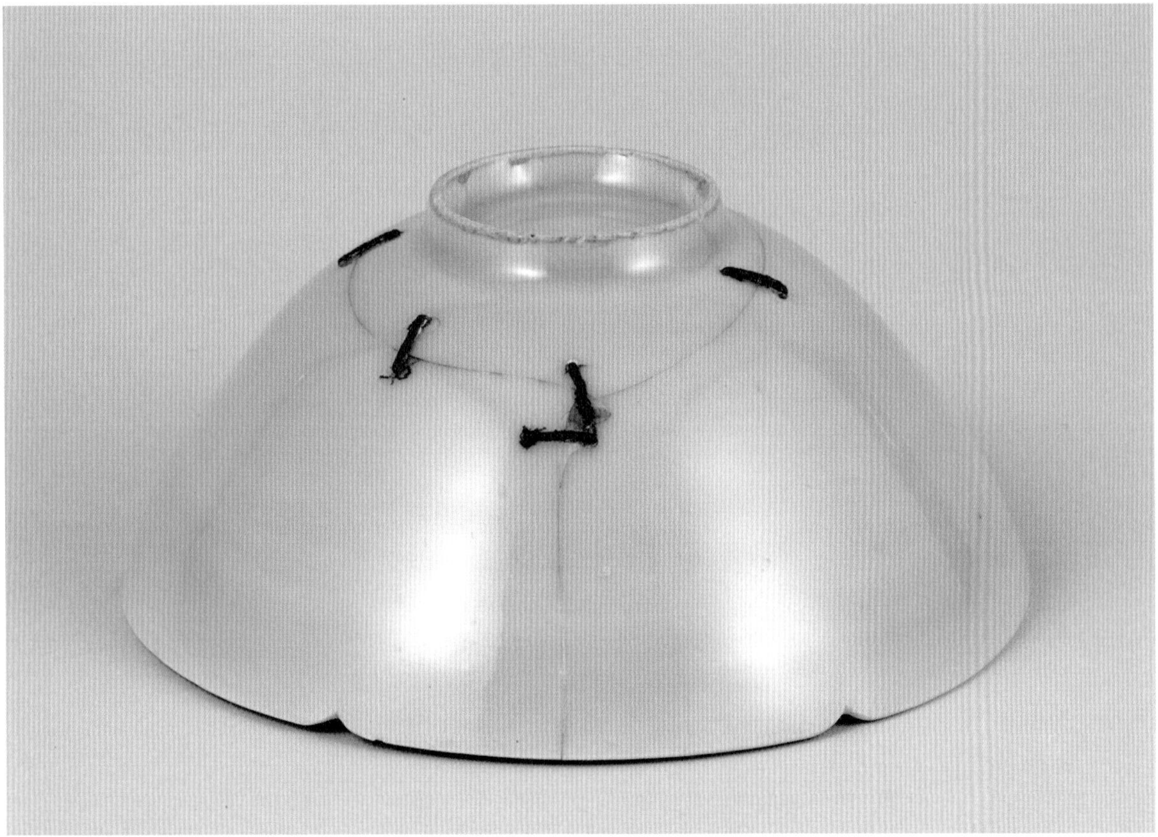

參考書目

古籍

《荊楚歲時記》梁・宗懍
《茶經》唐・陸羽、《膳夫經手錄》唐・楊曄
《源氏物語》、《今昔物語集》日本平安時期
《喫茶養生記》日本鎌倉時期・榮西
《東京夢華錄》宋・孟元老、《山家清供》南宋・林洪
《本草綱目》明・李時珍
《幾暇格物編》清・愛新覺羅玄燁、《在園雜志》清・劉廷璣
《欽定古今圖書集成》清・陳夢雷、蔣廷錫、《紅樓夢》清・曹雪芹
《老老恆言》清・曹庭棟
《關於江寧織造曹家檔案史料》

文稿

〈虛栗跋〉日本江戶時期・松尾芭蕉／鄭清茂譯
〈略論明清中國與東南亞燕窩貿易〉廈門大學馮立軍

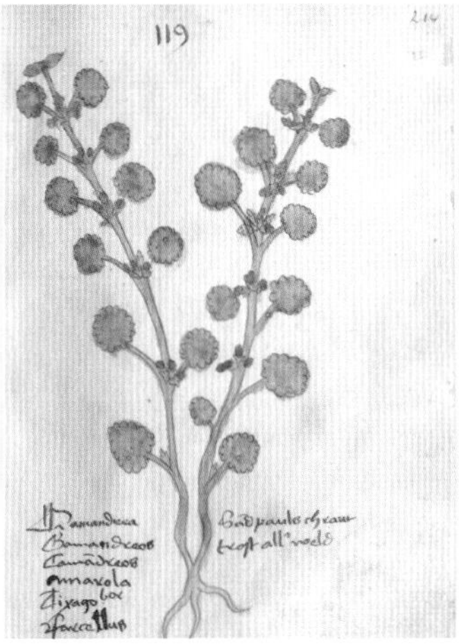

圖錄

源氏物語畫帖

一五〇九年

土佐光信是鎌倉時期土佐派畫師，當流十三代中興之祖。在大和繪諸流之中，畫風纖細，為朝廷的御用繪師。其〈源氏物語畫帖〉為哈佛大學藝術博物館藏。

歐洲草藥書

一四七九年

一四七九年德國僧侶維特・奧萊斯（Vitus Auslasser）完成的手寫草藥書，有一九八幅插圖描繪中世紀歐洲植物。本書除了引用龍葵（頁六三），上圖金錢薄荷（頁一一九），在歐洲的民俗植物學中有食用、釀酒、製乳酪、藥用、香料等用途，這些植物對今天的研究仍然很重要。

古今圖書集成

一七二六年

原由陳夢雷自康熙四十年開始編纂，雍正四年由蔣廷錫完成，總共一萬卷、一億七千萬餘字，且有萬餘幅圖片，其中植物圖雖線條簡單但描繪翔實，古籍中的植物可以找到印證，本書多處引用。上圖也是薄荷。

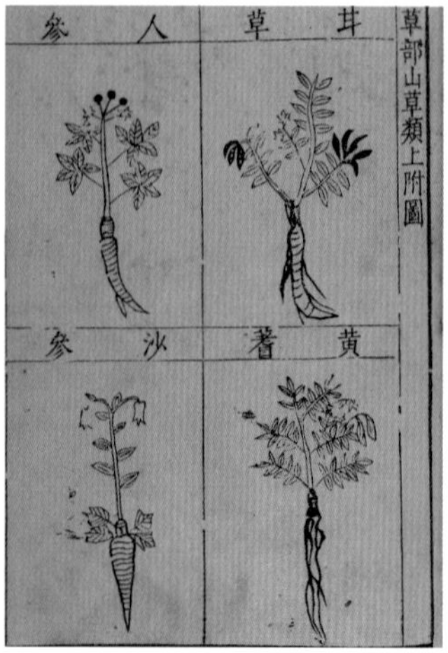

本草綱目

李時珍《本草綱目》萬曆年胡承龍原刻本，登錄為世界記憶，此書是中國傳統醫學最完整、最全面的醫學著作。作者彙整、分析並描述所有被認為具有藥用價值的植物、動物、礦物等，且補正過去病因及藥理的錯誤。他遠涉偏鄉採藥及蒐集標本，遍訪名醫宿儒及鄉井平民蒐集驗方。

本書引用書中一些相關文字，雖有一千多張圖，其精準度差及美感均有限。

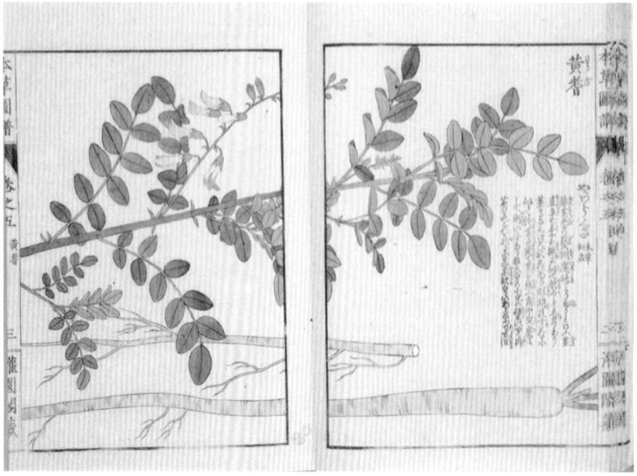

本草圖譜

日本本草學家岩崎常正有鑑於歷代本草之圖簡易不詳，願補其闕。他通醫理又善繪畫，除尋訪田野，自己亦種植盆栽，前後二十餘年成《本草圖譜》一書。

全書九十五卷，收錄植物近兩千種，分類仿《本草綱目》如山草、芳草、溼草、菜部、果部、喬木等等。目前日本及美國國會圖書館均有收藏，均始於卷五。且五至八卷為木刻，後經費不足改手繪。

本書引用該書多幅，特別是用於七草粥中如繁縷等較少見的植物。

上圖特別選用木刻版的黃耆，較之《本草綱目》確實精美。

成形圖說

本書引用《成形圖說》多幅彩圖，此書為江戶後期薩摩藩主島津重豪，參考百年前金澤藩稻生若水編《庶物類纂》等書，命其臣下本草學者曾槃及國學者白尾國柱編成的農書百科事典。文化元年初版，全書並未完成原規劃的一百卷。萊頓大學收藏菲利普．法蘭茲．馮．西博德（Philipp Franz von Siebold）醫生自日本帶回彩色版共一百零三幅。

植物名實圖考

吳其濬所著《植物名實圖考》，為附圖一千八百幅的植物圖譜，作者係嘉慶二十二年狀元。上圖為龍葵，本書亦引用其繁縷，均為白描線圖。

庶物類纂、庶物類纂圖翼

金澤本草學者儒醫稻生若水編寫《庶物類纂》，由弟子丹羽正伯完成的一本博物誌，共四六五冊。《庶物類纂圖翼》是藥草圖集，共二十八冊，約五百三十張戶田祐之繪細密彩圖，一七七九年完成。

上圖為國立公文書館藏本之龍葵，可比較與歐洲及中國對同一植物之不同描繪。

浮世繪

日本十七至十九世紀盛行的版畫藝術，浮世喻在塵俗人間的漂浮不定，對近代西洋藝術亦影響深遠。最著名包括了歌川廣重的《東海道五十三次》，本書引用局部，上圖為第二十一次全圖。尚有：

歌川豐國〈春遊女七草〉。

歌川國貞〈勢洲鰒取圖〉。

喜多川歌麿〈鮑魚圖〉。

自然繪圖

阿道夫・米洛（Adolphe Philippe Millot）是法國國家自然歷史博物館自然歷史的高級插圖畫家，他也是石版畫家，以及昆蟲學者。上圖為本書局部引用南瓜之水果圖全圖。

謝誌

感謝茶粥會粥友，多年來共度「以粥會友、笑談古今」的歡樂時光，鼎力鼓勵本書出版，爲大家共留美好的回憶。簡靜惠主催並撰文、賜序，寫得極爲感人，爲本書增光。爐主金瑞提供場地及食材，豐富了粥會內涵，亦撰文記錄始末。粥友郭貴婷、黃虹霞、蒙維愛及蘇怡（按篇排序）撰文，王曼婕正巧在東京過七草節，拍攝照片，都豐富了本書內容。

近半世紀的好友吳璧人與心岱，親手烹煮並撰寫家傳的粥品，共襄盛舉。湯月碧醫生聽聞有此書，截稿日還傳來食譜PK虱目魚粥。

李瑞宗博士協助找到一叢繁縷，也鑑定了木香與荼蘼。童元方教授去香港領獎，被抓差拍攝香港故宮所展乾隆三清茶盃。劉靜敏教授提供偶在乾涸明德水庫底拍到結實累累的龍葵。簡秀枝及《典藏》雜誌協助取得馬蝗絆連結。

除了台新契作的紅米開啟粥會因緣，友人阮虔南所贈家中日曬白米，亦爲各款細粥基底，王玲惠家的梅花瓣，做成梅粥。新城公司特選六款粥品，生產爲即食粥品，讓我偶發奇想的雙燕粥、雙鮑粥竟然成眞，還有其他協助的親朋好友，在此一併致謝。

感謝一九七八年與我時報文學獎同榜老友張大春賜序，他的文采風格獨樹一幟，了解粥文化遠勝於我，書法也已成大師級，倍感榮幸。

最後感謝新經典出版社葉美瑤願出版本書，及梁心愉副總編爲本書付出心力，以及設計大師楊啟巽封面全書的編排。

美國國會圖書館：75耕織圖。

王曼嬅：122七草（3張）。

吳璧人：137番薯田、146烏甜仔菜粥、149烏甜仔菜（3張）。

劉靜敏：146龍葵果。

黃虹霞：150瓠瓜粥（2張）。

蒙維愛：152-155六白粥（4張）

紐約大都會博物館：165勢洲鰒取圖、167鮑魚圖。

陳文發：178-179採蚵、蚵田（2張）。

盧紀君：178-181蚵粥（4張）。

國立東京博物館：189-191珠光茶碗、象牙茶杓、馬蝗絆（5張）。

林靜雯：190黑漆金繕。

· 古籍文字引用，圖說已標明來源者不再贅述。

· 其他未標示來源之照片為作者所攝。

圖片來源

封面

楊啟巽集《庶物類纂圖翼》之胡荾、水芹、薺、丹黍。

內文

維基共享：1胡荾、29二月堂（作者Ignis）、61武夷山1843、75紅稻米（作者gtknj）、82-83十九世紀採燕窩照片與圖、87燕麥圖、97綠頭鴨、103《源氏物語畫帖》、105東海道53次浮世繪、114-115韓熙載夜宴圖、143龍眼、145龍眼圖、147龍葵圖、172南瓜、174廣安宮。

《庶物類纂圖翼》：1胡荾、119胡荾、水芹、薺、蕓台與菠菜（日本國立公文書館藏本/維基共享公共領域）。

《本草圖譜》：7繁縷、53綠豆、58杏、78-79丹黍、91粳米、119紫堇、120水芹（美國國會圖書館藏本／公共領域）。

國立故宮博物院：15寒山子圖、22盧仝烹茶圖、41三清茶盃、49親蠶圖。

維基百科：33榮西、52陸游、140柿子樹。

陳榮村：33京都建仁寺及茶碑。

羅文邦：35京都東求堂。

童元方：40-41三清茶盃（3張）。

郭貴婷：42-43松園茶席（3張）。

《古今圖書集成》：46紅豆圖、54綠豆圖、78丹黍、96白鴨。

《成形圖說》：48赤小豆圖、54小米、117款冬、118菘、135芋頭、139番薯、151瓠瓜、155百合（荷蘭萊頓大學藏本／公共領域）。

《清孫溫繪全本紅樓夢圖》：68-69第五十三回。

食粥百味足

Essential YY0937

作者
馬以工
原籍金陵、戊子年生於台北市。現任中華大學特聘講座教授，歷任第三、四屆監察委員，中華大學景觀建築系系主任，清華大學、東海大學兼任副教授，文化建設委員會委員等。
著有《尋找老台灣》、《幾番踏出阡陌路》、《我們只有一個地球》、《石頭記的虛幻與眞實》、《歲時律動》、《紆織紅縷》等書。曾獲金鼎獎、時報文學獎、吳三連文藝獎。

特邀賜稿名家：吳璧人、湯月碧、心岱
粥友共襄盛舉：郭貴婷、金瑞、簡靜惠、黃虹霞、蒙維愛、蘇怡

美術設計：楊啟巽工作室
行銷企劃：黃蕾玲、陳彥廷
版權負責：李家騏
副總編輯：梁心愉

初版一刷：二〇二三年九月十八日
定價：新台幣七二〇元

出版：新經典圖文傳播有限公司
發行人：葉美瑤
10045臺北市中正區重慶南路一段57號11樓之4
電話：886-2-2331-1830
傳眞：886-2-2331-1831
讀者服務信箱：thinkingdomtw@gmail.com
臉書專頁：https://www.facebook.com/thinkingdom

總經銷：高寶書版集團
地址：臺北市內湖區洲子街88號3樓
電話：886-2-2799-2788
傳眞：886-2-2799-0909
海外總經銷：時報文化出版企業股份有限公司
桃園縣龜山鄉萬壽路2段351號
電話：886-2-2306-6842
傳眞：886-2-2304-9301

食粥百味足/馬以工著. -- 初版. -- 臺北市 : 新經典圖文傳播有限公司, 2023.09
200面 ; 19×24.5公分. -- (Essential ; YY0937)
ISBN 978-626-7061-84-8（精裝）
1.CST: 飯粥 2.CST: 飲食 3.CST: 文集
427.07　　112013649

Sensational Porridge